鲜食玉米

绿色栽培及加工利用技术

◎ 赵 琳 石 江 等编著

中国农业科学技术出版社

图书在版编目(CIP)数据

鲜食玉米绿色栽培及加工利用技术 / 赵琳等编著. --北京：中国农业科学技术出版社，2022.8（2025.8重印）
ISBN 978-7-5116-5827-2

Ⅰ.①鲜… Ⅱ.①赵…②石… Ⅲ.①玉米-栽培技术②玉米-加工利用 Ⅳ.①S513

中国版本图书馆 CIP 数据核字（2022）第 126920 号

责任编辑　崔改泵
责任校对　王　彦
责任印制　姜义伟　王思文

出 版 者	中国农业科学技术出版社
	北京市中关村南大街 12 号　　邮编：100081
电　　话	（010）82109194（编辑室）　（010）82109702（发行部）
	（010）82109709（读者服务部）
网　　址	https://castp.caas.cn
经 销 者	各地新华书店
印 刷 者	北京虎彩文化传播有限公司
开　　本	170 mm×240 mm　1/16
印　　张	11.25
字　　数	196 千字
版　　次	2022 年 8 月第 1 版　2025 年 8 月第 2 次印刷
定　　价	39.80 元

◆◆◆ 版权所有·翻印必究 ◆◆◆

《鲜食玉米绿色栽培及加工利用技术》编著委员会

主 编 著　赵　琳　石　江
副主编著　赵福成　章红运　朱月清
编 著 者（按姓氏笔画排序）
　　　　　江　帆　许　岩　张泉锋
　　　　　岳二魁　周　勇　赵　博
　　　　　查　燕　骆乐谈　黄展林

前　言

玉米在我国大约有 400 多年的栽培历史，由于产量高、品质好、适应性强，栽培面积发展迅速，目前在粮食作物中种植面积和总产量均居全国第一位。我国玉米带纵跨寒温带、暖温带、亚热带和热带生态区，分布在低地平原、丘陵和高原及山区等不同地形区域，其中以种植春玉米为主的黑龙江、吉林、辽宁、内蒙古和以种植夏玉米为主的华北、西北、西南地区是我国玉米的主要栽培区，华南地区、东南地区主要种植甜玉米、糯玉米等鲜食玉米。我国玉米产区自然条件差别很大，要根据本地的霜期长短、土壤质地、土壤地力、种植时间，选择适宜的品种，还要注意良种的繁育，适当安排制繁种面积。因地域广阔，种植模式呈现多样化现象。

目前玉米相关文献和书籍多针对普通玉米展开，鲜食玉米涉及较少。近十几年来，鲜食玉米产业的发展在促进农民增收、提高农业增效、加快都市农业及农村旅游产业进步、助力脱贫攻坚等方面都发挥了积极作用。我国鲜食玉米产业从无到有，从小到大，目前种植面积已超过 2 000 多万亩，并有逐渐扩大趋势。地处长三角地区的浙江省是我国经济发展最活跃的省份之一，也是鲜食玉米种植大省之一，其鲜食玉米产业开发独具特色，以精致的高端品种为主，绿色栽培技术先进高效，引领了全国鲜食玉米高质量发展方向。因此，针对鲜食玉米品种选择、肥水管理、配套栽培技术、病虫害防治、秸秆利用及采后保鲜和深加工技术进行科学系统介绍，可对鲜食玉米生产长期健康发展奠定强有力基础。本书详细阐述了鲜食玉米绿色栽培及加工利用相关内容，具有科学性、针对性和实用性，方便指导农民进行科学种植。

需要特别说明的是，本书中所用的肥料、农药及其使用剂量仅供读者参考，不可完全照搬。在实际生产中，所用肥料学名、常用名与实际商品名称会有细微差异，用量也会有所不同，建议读者在使用前仔细参阅厂家提供的产品说明，以明确用量、使用方法及禁忌等。

  本书在编写过程中引用了相关文献和书籍资料，在此谨向其作者深表谢意。由于编著者水平有限，书中难免存在疏漏和错误之处，敬请各位专家和广大读者提出宝贵意见和建议。

编著者
2022 年 3 月

目 录

第一章　鲜食玉米概况 ……………………………………………（1）
　第一节　鲜食玉米的分类及起源 ……………………………（1）
　第二节　鲜食玉米的生长发育特性 …………………………（4）
　第三节　鲜食玉米的应用价值和产业现状 …………………（13）

第二章　鲜食玉米良种选择 ………………………………………（18）
　第一节　玉米育种途径和方法 ………………………………（18）
　第二节　种子选择的原则 ……………………………………（29）
　第三节　种子精选分级作用与方式 …………………………（31）
　第四节　鲜食玉米制种技术 …………………………………（33）
　第五节　鲜食玉米种子包衣技术 ……………………………（36）
　第六节　鲜食玉米种子贮藏技术 ……………………………（40）
　第七节　转基因品种 …………………………………………（44）

第三章　鲜食玉米主要栽培技术模式 ……………………………（48）
　第一节　主要种植形式 ………………………………………（48）
　第二节　主要栽培方式 ………………………………………（50）
　第三节　肥水管理 ……………………………………………（51）
　第四节　高产高效栽培技术 …………………………………（69）

第四章　鲜食玉米主要病虫害防治技术 …………………………（82）
　第一节　生长异常诊断 ………………………………………（82）
　第二节　玉米病害 ……………………………………………（87）
　第三节　玉米虫害 ……………………………………………（103）
　第四节　玉米草害 ……………………………………………（119）

第五章　鲜食玉米生产机械化技术 ………………………………（134）
　第一节　玉米生产机械化现状 ………………………………（134）

第二节 玉米机械化作业过程要求与标准 ………………………（135）
第三节 耕整地机械化 ……………………………………………（139）
第四节 播种机械化 ………………………………………………（141）
第五节 田间管理机械化 …………………………………………（142）
第六节 收获机械化 ………………………………………………（142）

第六章 鲜食玉米的采收和加工 ………………………………………（144）
第一节 鲜食玉米采收期的确定 …………………………………（144）
第二节 鲜食玉米保鲜贮藏 ………………………………………（145）
第三节 食品加工和利用 …………………………………………（148）

第七章 秸秆的利用 ……………………………………………………（153）
第一节 秸秆肥料化 ………………………………………………（153）
第二节 秸秆饲料化 ………………………………………………（159）
第三节 秸秆能源材料化 …………………………………………（165）

参考文献 …………………………………………………………………（171）

第一章　鲜食玉米概况

鲜食玉米是指在乳熟期采摘果穗后用于蒸煮食用的玉米，主要包括甜玉米、糯玉米、甜糯玉米及笋玉米，从籽粒颜色上可分为黑色、紫色、黄色、白色等。其风味独特，营养丰富，和普通玉米相比具有甜、糯、嫩、香等特点，其籽粒中糖分、蛋白质、氨基酸和脂肪等含量均高于普通玉米，且鲜食玉米中含有多种维生素和矿物质元素，适口性好，易于消化，是餐桌上的一道新型佳肴。鲜食玉米和普通玉米虽划分为同一属，但却属于不同的亚种。2020年我国鲜食玉米种植面积已突破134万公顷，成为全球第一大鲜食玉米生产国和消费国。随着人民生活水平的提高，市场对鲜食玉米的需求也越来越大，其保鲜与加工就显得尤为重要。由于鲜食玉米食用部分为未成熟的幼嫩果粒，采后呼吸代谢旺盛，糖分转化快，且容易失水变质，所以很难长期贮藏，若想长期贮藏或周年供应市场，须进行速冻保鲜或真空包装。

第一节　鲜食玉米的分类及起源

一、鲜食玉米的分类

从生物学角度（主要依据籽粒形态和成分），玉米可分为马齿型、硬粒型、半马齿型、粉质型、甜质型、甜粉型、爆裂型、蜡质型和有稃型9种类型。甜玉米就是其中的甜质型玉米，糯玉米是蜡质型玉米，二者均是玉米大家族的重要成员。从收获物和用途上划分，玉米可分为籽粒用玉米、青贮玉米、鲜食玉米三大类型。其中鲜食玉米是指像水果、蔬菜一样收获和食用其鲜嫩果穗的玉米，主要包括甜玉米、糯玉米、甜糯玉米及笋玉米（图1-1）。

图1-1　不同类型的鲜食玉米

二、鲜食玉米的起源

1. 甜玉米的起源

甜玉米起源于美洲大陆,是由普通玉米发生基因突变后,再选育而成的一类玉米的总称。1779年欧洲一支远征考察队从美洲印第安人耕作地里发现被称作Papoon的甜玉米果穗并带回欧洲,之后逐渐在欧美、亚洲等地发展利用起来。20世纪初期开始商品化,30年代开始加工制作罐头,40年代以来美国不断扩大甜玉米种植面积,并逐步发展起颇具规模的甜玉米加工业。已发现的甜玉米相关隐性控制基因有$su1$、$su2$、$sh1$、$sh2$、$bt1$、$bt2$以及加强基因se等,甜质特性受一个或多个隐性基因控制。$sh2$、$bt1$、$bt2$等属于第 1 类突变基因，突变发生在淀粉合成的上游，主要编码 ADP-葡萄糖焦磷酸化酶、淀粉磷酸寡聚糖合成酶等，对淀粉的合成影响较大，这类基因型的籽粒在乳熟期糖分含量是普通玉米的 10 倍以上，成熟期淀粉含量极少，属于超甜类型玉米。su1、se 属于第 2 类，突变发生在淀粉合成的下游，编码淀粉分支酶，主要改变淀粉的类型及各类型的含量，属于普甜类型玉米。美国是甜玉米生产面积和加工量最大的国家；法国是欧洲甜玉米重要生产区和加工区；泰国是亚洲甜玉米主要生产国和供应国；日本、德国、英国等是甜玉米主要的进口国。我国的甜玉米生产和加工起步较晚，但发展速度快，种植面积和加工产品的消费以我国南方为主，南方的种植面积约占甜玉米总种植面积的 84%，北方占 16%。广东是我国甜玉米产量最大的省份，种植面积约占全国的 50%。

2. 糯玉米的起源

糯玉米也称蜡质玉米或黏玉米，学名 Zea mays L. ceretina Kulesh。因籽粒干燥后胚乳呈角质不透明、无光泽的蜡质状，所以叫蜡质玉米，又因胚乳淀粉几乎全部是支链淀粉，遇碘呈紫色（褐红色）反应，蒸煮后呈黏性，所以又称黏玉米。糯玉米起源于中国，是玉米在 16 世纪传入中国种植后发生变异而形成的一种类型。在云南、广西一带的傣族、哈尼族有喜爱黏食的习俗，普通玉米传入我国后，在长期的栽培驯化中，偏好选择黏食型玉米突变体，经过长期的筛选过程，糯质基因的突变被筛选并保存下来，形成了一种特殊类型的玉米，就是现在的糯玉米。糯玉米的糯质特性由位于第 9 染色体短臂的单隐性基因 wx 控制，编码序列为 3 718 bp，由 14 个外显子和 13 个内含子组成。该基因的突变导致束缚态淀粉合成酶的含量和活性降低，不能合成直链淀粉，籽粒胚乳中几乎全是支链淀粉，因此表现为糯质。糯玉米淀粉比普通玉米易于消化，糯玉米的消化率为 85%，比普通玉米 69% 的消化率高，鲜嫩玉米所具有的独特风味更为人们所青睐。

3. 甜糯玉米的起源

甜糯玉米是一种具有较高甜度同时还具备糯性口感的特殊玉米，是中国自主创新的鲜食玉米新类型。该类型品种是通过遗传学方法，使双隐性或多隐性甜质基因与糯质基因杂合，自交后代产生显隐性基因分离，从而实现同一个果穗上同时出现糯质和甜质籽粒。我国早在 1990 年就提出利用糯质（$wxwx$）×甜质（$sh2sh2$）玉米选育甜糯玉米类型的方法，2004 年育成甜加糯型品种'都市丽人'，是我国第一个通过审定并大面积商业化的品种。经过不断创新和品质提升，又陆续选育出'钱江糯3号''荆州彩甜糯6号''京科糯928''农科玉368''天贵糯932'等品种，带动我国该类型品种面积发展至近20万公顷。

4. 笋玉米的起源

笋玉米又称娃娃玉米，是指尚未授精结实的嫩玉米穗轴，由植株叶腋的腋芽发育即成，口感清甜、味道鲜美。含有丰富的蛋白质、氨基酸、食用纤维和维生素，是极佳的天然绿色营养菜肴，可制成罐头出口。它主要是玉米植株上长6~8厘米、直径1.5厘米左右的幼嫩果穗，其生长周期短、营养丰富，多蘖多穗，秆短、宜密植、适应性广。笋玉米共分三类：一是专用型笋玉米，即一株多穗的专用笋玉米品种。当花丝吐出达1~2厘米时，采摘果穗做玉米蔬菜。二是粮笋兼用型笋玉米，即在普通玉米生产中选用多穗品种，把每株上部能正常成熟的果穗留做生产籽粒，下部不正常成熟的幼嫩果穗做笋玉米。三是甜笋兼用型，在生产中，采收每株上部的大穗做甜玉米罐头，或将鲜穗上市，将下部幼嫩果穗采收用作甜笋玉米。

目前，笋玉米的食品开发已成为新的热点，笋玉米由于无法机械采收，只能人工一个一个地从果穗苞叶中剥出，所以欧美国家因人工昂贵而无法组织大面积生产，我国的笋玉米生产有相对充裕的劳动力保证，而且经济效益较高，具有非常广阔的发展前景。

第二节　鲜食玉米的生长发育特性

玉米生产中，从播种到鲜食玉米果穗成熟所经历的天数称为全生育期，主要从种子入土，经过生根发芽、出苗、拔节、孕穗、抽雄穗、开花、抽丝、授粉、灌浆到果穗成熟，称作鲜食玉米的生育期。鲜食玉米生育期的长短与品种有关，同时也受外界环境条件的影响，即同一品种，在不同时期、不同地区播种，生育期的长短亦有差别。因此，在实际生产中，应根据当地气候条件，选择适宜品种，并在合适温度下播种。玉米是短日照作物，选用品种时还需考虑日照的要求，因发育过程中不同阶段特点不同，对外界环境需求不同。因此，先了解品种特性，再配套适宜栽培技术，便可在生产中达到高效栽培、高产种植的目的。

一、鲜食玉米的发育阶段

按照形态特征和生长特性，一般将鲜食玉米的生育期划分为苗期、穗期和花粒期3个阶段（图1-2），玉米各时期的发育特点和养分需求规律决定了相应时期的肥料用量和管理措施。受有效积温影响，鲜食玉米在发育过程中的生育期天数略有不同，生长在较高温度条件下，生育期会适当缩短；而在较低温度条件下，生育期会适当延长。不同种植区生态条件差异较大，同一品种生育期变化也相对较大，鲜食玉米在果穗乳熟期采收，生育期比普通玉米短，一般在75~90天。

图1-2 玉米主要生育阶段

1. 苗期

苗期是从播种至拔节经历的阶段，包括种子发芽、出苗及幼苗生长等过程，是以根、茎、叶分化为主的营养生长阶段。即幼苗展现6~8片叶，其基部能摸到基节凸起，占全生育期的20%左右，这阶段的主体是生长根、叶及幼苗，由自养过渡到异养。苗期虽然生长发育缓慢，但仍处于旺盛生长的前期，其生长发育好坏决定了营养器官的数量，而且对后期营养生长、生殖生长、成熟期早晚及产量高低都有直接影响。温度对幼苗影响较大，幼苗长到2叶为冻害的临界期。一般来说，幼苗2叶前如遇霜冻，不会受到伤害，即使叶片冻坏，新叶照常可以生长，因为其生长点没有受冻害。幼苗在5叶前，短时间霜冻将会受到危害，-4℃的低温超过1小时会造成幼苗严重冻害，甚至死亡。如温度超过40℃，幼苗生长则受到抑制。根系在土壤5~10厘米处的温度在4.5℃以下时即停止生长，在20~24℃的条件下生长快而健壮，地温稳定在10~12℃为最适播种温度。地温越高出苗越快，当然耕层内土壤持水量过高或过低均会对玉米生长发育有不良影响，最适宜的持水量为60%~70%。

玉米苗期对肥料的要求不多，但又不能缺肥，一般用量只占总用量的10%。氮肥不足，幼苗瘦小，叶色发黄，次生根量少，生长慢；氮肥过多，幼苗生长过旺，根系发育较差。缺磷，苗色紫红，根系生长迟缓。缺锌，新生叶脉间失绿，呈现淡黄色或白色，叶基2/3处尤为明显，故称白苗病。苗期耐旱能力较强，一般不需要灌溉，但土壤板结、缺水时，应立即灌溉，且要控制水量，勿大水漫灌。对有旺长倾向的玉米田，在拔节前后不要浇水，而是通过"蹲苗"或深中耕控制地上茎叶生长，促进地下根系深扎。"蹲苗"时间长短，应根据品种生育期长短、土壤质地、气候状况等灵活掌握。玉米苗期虫害主要有地老虎、黏虫、蚜虫、蓟马等，还容易遭受病毒侵染，是粗缩病、矮花叶病的易发期，及时消灭田间和四周的灰飞虱、蚜虫等，能够减轻病害的发生。

2. 穗期

穗期是从拔节至雌雄穗分化、抽穗、开花、吐丝的阶段，在该阶段，营养器官生长和生殖器官分化发育同步进行，玉米根、茎、叶等营养器官旺盛生长并基本建成，同时完成雄穗和雌穗的分化发育过程。从植株外部形态看，喇叭口期以前为营养生长期，其后以生殖生长为主，是玉米一生中生长发育最旺盛的时期。拔节期为生殖生长开始，全株茎叶已分化完成，并旺盛生长。地下部分次生根分成5层左右，靠近地面的茎叶陆续出现支撑根。雄、雌穗相继迅速分化，抽穗开花全部完成，茎叶停止生长。

平均气温18℃左右时，茎开始生长，气温高于22℃时，植株生长与干物质积累迅速增加。穗期最适温度为24~26℃，小穗、小花分化多，有利于穗大粒多。温度高，植株生长快，拔节到抽穗的时间就短；如遇35℃以上高温，大气相对湿度低于30%的干燥气候，会使花粉失水而干瘪，花丝也会受影响，出现相对枯萎，影响授粉；平均气温低于20℃时，花药开裂不好，影响正常散粉。玉米拔节以后，生长茎叶和穗分化，气温高，生长快，蒸腾旺盛，耗水量也急剧增加，特别是抽雄前10天左右，生产上称为喇叭口期，此时要求田间持水量70%~80%，才能有利于雌穗小穗小花分化，雄穗花粉充分发育，开花期与吐丝期相匹配，达到正常授粉结实的目的。土壤干旱缺水，易形成"卡脖旱"，影响雄穗抽出，或开花早于吐丝，造成花期不遇，最终影响产量。土壤水分过多也会影响根系的生理活动，出现植株青枯，应及时排水。玉米在8~12小时日照条件下，植株生长发育快，提早抽雄开花；反之，推迟成熟。密度适宜，光照充足，则生长协调，光合生产率高，干物质积累多，如果密度过大，光照不足，则光合生产率低，穗小粒少，产量低。南方丘陵玉米区和西南山地丘陵玉米区，因雨水多、光照时间短，密植后会导致授粉差，易发多种病虫害，严重影响产量和品质。因此，这些地区田间要合理密植，设排水沟，方便灌溉和排水。鲜食玉米穗期氮素吸收量占总吸收量的53%以上，磷、钾肥的吸收量分别占总吸收量的63%和62%，喇叭口期重施肥料，有利穗大粒多。

玉米雌雄分化的过程，不仅有其自身的规律和相互间对应的关系，而且与叶片的生长有规律性的联系，了解并掌握这些关系，对于合理运用水肥管理，争取穗大粒多提供可靠的依据。这时期也是玉米一生中的关键时期，它可以决定行列整齐度及果穗的穗粒数和行粒数。对水肥反应特别敏感，通常称水肥的临界期，是管理的重要时期。

研究玉米生长叶片与雌雄穗分化期的对应关系，在实际应用中最为简便的是见展叶差法。此法是利用见展叶差之间的关系，不用知道品种的总叶片数，亦无须进行叶龄标记，具体方法为：玉米生长出叶子后，只要能够看见叶子，即称可见叶。当叶片完全长出，能够见到叶鞘的叶片，称展现叶。可见叶与展现叶之间的差数，称见展叶差。品种生育过程中，从能见到叶鞘的叶片向上数，没有叶鞘的叶子有几片，如是5叶，见展叶差为5，就是喇叭口时期。见展叶差有五大差期，即2、3、4、5和退差期。一般可见叶6~7片前，见展叶差为2；可见叶7~10片，见展叶差为3。全株有20片叶的中晚熟品种，在可见叶11~15片时，见展叶差为4；可见叶为15片以上时，见展叶差是 5。全株为 18 片叶以内的早熟品种，可见叶 11~13 片时，见展叶差为 4；可见叶 13 片以上时，见展叶差是 5。当顶叶出现后，由于内部再无新叶出现，而各叶相继展开，见展叶差依次降为 4、3、2、1，当顶叶全展时，见展叶差为 0。

3. 花粒期

花粒期主要从雌雄穗分化、抽穗、开花、吐丝到鲜穗采收经历的过程。在该阶段，玉米进入以开花、吐丝、受精结实为中心的生殖生长阶段，籽粒灌浆、充实、成熟是该阶段生长和营养物质积累的中心。雄穗抽出到开花的时间，因品种而异，气温、水分也会对其产生影响，多数品种是雄穗抽出后 2~5 天开始开花散粉，也有很多品种先吐丝，后抽雄。开花的顺序是先从主轴向上 2/3 部分开始，然后向上向下同时开花，雄穗分枝的开花顺序与主轴相同。开花时，颖壳张开，花药外露，花粉散出。每个雄穗开花时间长短，因品种、雄穗的长短、分枝多少、气候条件而有所不同，一般为 5~6 天，最长可达 7~8 天。散粉最盛的时间在开花后 3~4 天，每天散粉的时间，天气晴朗，为 7：00—11：00 时，下午也会有少量花粉，其中 21：00—22：00 时花粉量最多。雨后天气放晴即可散粉。阴雨间断，开花时间延长，但还是能够开花散粉。

雌穗花丝从苞叶中抽出的时间，同样与品种、气候条件有关。正常情况下，果穗花丝抽出的时间与其雄穗开花散粉盛期相吻合，有少数品种，先出花丝后散粉或散粉末期花丝才抽出来。一个果穗上花丝抽出的时间，与雌穗小花分化的时间是一致的。位于果穗基部向上 1/3 的部位花丝最先抽出，然后向上向下延伸，最后抽出的是果穗最上部的花丝。一个果穗花丝抽出的时间为 4~5 天，一般情况下，与其雄穗开花的时间相吻合。花丝抽出苞叶后，任何部位都有接受花粉的能力，完成受精过程。花丝生活能力与温度和湿度有关，一般 5~6 天接受花粉的能力最强。平均温度 20~21.5℃，相对湿度为 79%~92% 时，花丝抽出苞叶 10 天之内生活力最高，11~12 天显著降低，15 天以后死亡。授粉后 24 小时完成受精。花丝授粉后停止生长，受精后 2~3 天，花丝变褐色，渐渐干枯。

开花抽丝期间，当温度高于 32℃，湿度低于 30%，田间持水量低于 70% 时，雄穗开花的时间显著缩短。高温干旱时，花粉粒在 1~2 小时内失水干枯，丧失发芽能力，花丝抽出时间延期，最终造成花期不遇，或花丝过早枯萎，严重影响授粉结实，形成秃尖、缺粒，产量降低。如能及时浇水，改善田间小气候，可一定程度上减轻高温干旱对玉米生长的影响。花期吸收磷、钾量分别占总吸收量的7.4%和27%。磷素不足，抽丝期推迟，受精不良，行粒不整齐。钾素不足，雌穗发育不良，妨碍受精。受精后到成熟之间，主要是生长籽粒，籽粒的形成过程，大致分为籽粒形成期、乳熟期、蜡熟期和完熟期，鲜食玉米在乳熟期进行采摘，因此籽粒未生长到蜡熟期和完熟期。

一是籽粒形成期，自受精到乳熟。早熟品种为10~15天，晚熟品种大约20天。胚的分化基本结束，胚乳细胞已经形成，籽粒体积增大，初具发芽能力，籽粒含水量90%左右，果穗的穗轴基本定长、定粗。二是乳熟期。乳熟初到蜡熟初，为15~20天。中早熟品种自授粉后15~35天，晚熟品种自授粉后20~40天。胚乳细胞内各种营养物质迅速积累，籽粒和胚的体积均接近最大值。整个籽粒干物质增长较快，占最大干物质量的70%~80%。胚的干物质积累亦达到盛期，具有正常的发芽能力。籽粒中含水量50%~80%，采收时，一般甜玉米含水量高于糯玉米，果穗增长加粗并与茎秆之间离开一定的角度，俗称"甩棒期"。

光照条件是影响粒重的主要因素之一，因为籽粒干物质中绝大部分是通过光合作用合成的。生产上选用品种时，既要考虑到植株叶片大小，又要大穗大粒，这就是人们常说的库源关系。源足库大，才能高产，在管理上，要最大限度保持绿叶面积，通风透光，增强光合作用，延长灌浆时间，扩大库容量，实现穗大、粒多、粒重，以达到高产的目的。在灌浆期间，吸收氮素约占总吸收量的46.7%。氮素适量，可延长叶片功能，防止早衰，促进灌浆，增加粒重；氮素过多，容易贪青晚熟，影响产量。磷素吸收量约占总吸收量的35%，对受精结实以后的籽粒发育具有重要作用。

二、玉米各器官特点

玉米植株由根、茎、叶、花、穗、籽粒等器官组成，其中根、茎、叶是营养器官；花、穗、籽粒是生殖器官。

1. 根

玉米根系具有吸收养分、水分、固定支撑以及合成多种活性物质的功能，主要有胚根、节根和支持根。胚根又称初生根、种子根，包括主胚根和侧胚根，在玉米种子胚胎发育时由胚柄分化发育而成。玉米种子萌发时，首先突破胚根鞘伸出一条根，称主胚根或初生根，它垂直向下生长，主胚根伸出 2~3 天后，从中胚轴基部盾片（内子叶）茎上侧长出 3~7 条侧胚根，植物学上叫初生根系。节根又叫次生根，是玉米根系的主要部分，轮生于地下茎节上。由茎基部、节间的根带，即居间分生组织基部长出，在玉米 3~4 叶期开始生长，以后逐渐增多，并取代初生根而起到吸收养分的主要作用，成熟的植株次生根通常为 50~90 条。在地上部茎节上长出的根叫支持根，又称气生根，一般在玉米拔节至抽雄期，在地表的 1~3 茎节上轮生出来。玉米的品种和水肥条件决定气生根的多少，气生根根尖常分泌黏液，入土后能分生侧根，本身可以合成氨基酸，一部分被运送到地上部各个器官合成蛋白质，一部分在根内直接合成蛋白质。

玉米的根系除从土壤中吸收水分和矿物质营养外，也吸收有机营养物质，如氨基酸、酰胺、葡萄糖、蔗糖等，另外还吸收自由的二氧化碳，输送到地上器官参与代谢过程。根系在土壤中的分布不同，吸收物质的数量有差异；根系也是合成氨基酸、有机磷化合物和多种生理活性物质的场所，这些物质参与植株代谢过程，对玉米生长发育有重要作用；玉米植株比较高大，主要靠庞大的根系将其固定在土壤中，抵抗风雨袭击，防止倒伏。玉米生育中、后期起固定支持作用的根系，主要是近地面的 2~3 层地下节根和扎入土壤的地上节根。

2. 茎

玉米茎秆粗壮高大，但株高与品种、气候、土壤环境和栽培条件有很大关联，适当降低株高，增加种植密度，有利于高产，但密度与种植区域有关，不可盲目增加，以防病虫害发生严重而导致减产。茎秆有许多节，每个节上生长一片叶，一株玉米的茎节数有 15~24 个，包括地下部密集的 3~7 个节，各节间伸长靠居间分生组织不断分化、伸长、变粗，各节间的生长由下向上，逐节伸长。地下部几个节间的伸长，拔节前已开始，但伸长长度有限。拔节后，地上部节间伸长迅速，每昼夜株高可增长 2~4 厘米；当气温高、肥水充足、生长最快时，一昼夜可伸长 7~10 厘米。植株各节间长度变化表现出一定的规律性：通常基部粗短，向上逐节加长，至穗位节以上又略有缩短，而以最上面一个节间最长且细。植株基部节间粗壮，是玉米根系发育良好和植株健壮生长的重要标志。基部节间粗短，根系发育良好，抗倒能力强,是高产的象征;反之,根系弱,易倒伏,不能获得高产。苗期适当"蹲苗",能促进茎基粗壮。

玉米茎秆除最上部5~7节外,每节都有一个腋芽。地下部几节的腋芽可发育成分蘖,生产上须打掉,以减少营养损耗。茎秆中上部节上的腋芽可发育成果穗,多数只发生1~2个果穗,而其他节上的腋芽发育到中途即停止、退化。孕穗期肥水供应充足;外界通风透光良好,有的可以形成双穗,多数结单果穗。若玉米腋芽不能得到充分发育或密度过大、环境不良,则会形成空秆。

3. 叶

叶由叶片、叶鞘和叶舌三部分组成。叶片中央有一主脉,两侧平行分布许多小侧脉,叶片边缘具有波状皱褶,可起到缓冲外力的作用,以避免大风折断叶部。叶片表面有许多运动细胞,可调节叶面的水分蒸腾。大气干旱时,运动细胞因失水而收缩,叶片向上卷缩成筒状,呈萎蔫状态,以减少水分蒸腾。叶片宽大并向上斜挺,连同叶鞘像漏斗一样包住茎秆,有利于接纳雨水,使之流入茎基部,湿润植株周围的土壤。

叶片在茎秆上呈互生排列,叶片数目是品种相对稳定的遗传性状。玉米抽雄后,地上部各节位叶片基本全部展开,中、下部大多叶片尚未凋萎,单株总叶面积在抽雄开花期达到最大值。玉米属C_4植物,叶的光合效能高,称为高光效作物。玉米光饱和点高,光补偿点低,在自然光条件下不易达到饱和状态,同化效率高,水分吸收利用率高。玉米植株各部位的叶片按其对生长中心器官的生理作用分为三组,每组叶数大体占全株总叶数的1/3左右。一是根叶组。茎基部叶,为根系发育和中、下部叶片生长提供光合同化物质。二是茎(雄)叶组。中部叶,为拔节后茎节伸长和雄穗分化发育提供光合同化物质,也部分地供应上部叶片的生长。三是穗(粒)叶组。茎上部叶,为雌穗分化发育和籽粒灌浆提供光合同化物质。

4. 穗

玉米属雌雄同株异花授粉植物,其雄穗是由主茎顶端的茎生长点分化发育而成,雌穗是由茎秆中部节上叶腋内的侧芽生长点分化发育而成,自然杂交率在95%左右。雄穗为圆锥花序,着生于茎秆顶部,由主穗轴和若干个分枝构成。雄穗分枝的数目因品种类型而异,主轴较粗,分枝较细。雌穗为肉穗花序,受精结实后称为果穗。由茎秆中、上部节上的腋芽发育成果穗。

从器官发育上来看，果穗实际上是一个变态的侧枝，下部是分节的穗柄，上端连接一个结实的穗轴。果穗外面具苞叶，苞叶数目与穗柄节相同。果穗穗轴上成对排列着无柄小穗，每一小穗内有两朵小花，上位花结实，下位花退化。因此，果穗行数通常成偶数，一般有 12~20 行籽粒。每行籽粒数目由果穗长短、大小而定，一般为 40~60 粒。

玉米的雄穗和雌穗在小花分化期前都为两性花，随后雌、雄蕊发育向两极分化，雄穗上的雄蕊继续发育，而雌蕊退化消失，雌穗的上位小花雌蕊继续发育，而雄蕊退化消失，因而小花分化后，雄穗和雌穗在发育过程中均表现为单性花。玉米的花为风媒花，花粉粒重量轻，花粉数量多，每个花药可产 2 500 多粒花粉，全株整个花序可多达 100 万~250 万粒。散粉时，靠微风就可传数米远，大风天气可送至 500 米以外，花粉粒落在花丝上，经过约 2 小时萌发，形成花粉管，进入胚囊，完成受精过程，因此在制种过程中必须设置隔离区，在人工育种过程中也要严防串粉。

5. 种子

玉米的种子在植物学上称为颖果，是玉米的果实，玉米籽粒成熟晒干后依其形态和结构，可分为硬粒型、马齿型、半马齿型等。鲜食玉米在采收时，水分含量高，籽粒饱满，未进行粒型分类，但甜玉米种子和糯玉米种子外观有明显差异，甜玉米籽粒胚乳大部分为角质淀粉，胚乳淀粉体发育滞后且体积小，充实度低，籽粒成熟后因失水而严重皱缩干瘪（图 1-3），种子干物质含量低，拱土能力差，出苗率低，苗势弱。糯玉米籽粒胚乳全部由支链淀粉组成，外观未出现皱缩，食用后比普通玉米口感佳，糯性好，更易于消化。

玉米种子由种皮、胚和胚乳三部分组成。种皮主要是保护胚和胚乳免受不良环境影响，尤其在免受真菌侵害方面起重要作用。胚是下代的幼小生命体，由胚根、胚芽、胚轴和子叶组成，也是玉米种子最重要的部分。胚乳含有丰富的碳水化合物、蛋白质、脂肪和无机盐等，是种子萌发出苗的营养仓库，胚乳又分为角质胚乳和粉质胚乳两种。甜玉米的基因控制着还原糖向淀粉的转化，淀粉积累过程同普通玉米一样呈"S"形曲线，但淀粉积累量远低于普通玉米，所以胚乳中含有更多的可溶性糖。糯玉米籽粒的胚乳中，支链淀粉（干基）占总淀粉比率≥97.0%，糯性佳。

甜玉米

糯玉米

双隐自交系

图1-3 不同类型玉米种子

第三节 鲜食玉米的应用价值和产业现状

一、鲜食玉米应用价值

随着生活水平不断提高，人们不仅要求食品的品种丰富多样，还要求营养全面、质量高。鲜食玉米作为一种食品有着无法替代的作用，它的营养价值高于普通玉米。甜玉米的蛋白质、油分及维生素含量就比普通玉米高1~2倍，胚乳中含有较多的糖分，是普通玉米的5~10倍，"生命元素"硒含量则高8~10倍，赖氨酸含量是普通玉米的2倍，其所含有的17种氨基酸中，有13种高于普通玉米。籽粒中蛋白质、多种氨基酸、脂肪都高于普通玉米，并含多种维生素和矿物质，甜玉米中亚油酸和纤维素可降低人体血液中胆固醇，有软化血管、防治冠心病的作用。此外，鲜食玉米的水分、活性物、维生素等各种营养成分也比老熟玉米高很多，因为在贮藏过程中，玉米的营养物质含量会快速下降。多吃玉米还能抑制抗癌药物对人体的不良反应,刺激大脑细胞,增强人的脑力和记忆力。

由于鲜食玉米收获早,且收获时植株茎叶仍保持绿色,因此,植株的茎叶还可作为牲畜的优质饲料,促进畜牧业的发展。中国作物学会甜玉米分会理事长、中国农业科学院研究员石德权研究认为,鲜食玉米产出效益是普通玉米的2~3倍,采摘后的青秸粗蛋白含量是普通玉米的1~2倍,是奶牛理想的饲料。

此外,鲜食玉米还可进行深加工,增加农业附加值。鲜食玉米生长期短,农药化肥施用量少,可采摘鲜穗销售,亦可短暂保鲜贮藏后进行深加工。目前,速冻糯玉米产量最大的省份是吉林、山东、黑龙江、河北等。美国用甜玉米制糖、做糕点、酿啤酒,把甜玉米当水果、蔬菜,制成罐头。所以甜玉米有"水果玉米""蔬菜玉米""罐头玉米"的美称。在黑色食品备受青睐的今天,黑玉米更是大中城市、饭店、旅馆、旅游胜地的畅销食品,也可制成优质玉米面。

二、鲜食玉米产业现状

(一) 鲜食玉米的现状

从全球范围看,鲜食玉米产量较大的国家有美国、中国、加拿大、泰国等。美国仅甜玉米种植面积就达70万公顷,产量约70万吨。我国鲜食玉米种植面积目前约12万公顷,产量不足14万吨。20世纪70年代以来,我国在特用玉米的研究与应用方面取得了可喜的进展,育成了一批甜、糯特色玉米杂交种。

广东省特色玉米的开发利用起始于20世纪80年代初期,其产品以鲜果穗形式,周年性提供给广州、珠海等珠江三角洲大中城市以及中国港澳台地区,同时销往日本、东南亚等国家和地区;在糯玉米生产方面,目前已在粤东梅州、潮州,粤西南的湛江、阳江等地全面展开。山东省在发展"两高一优"农业特色食用型玉米方面,率先开发了糯质玉米,并建立了特用玉米加工厂,大力引进特用玉米进行示范,取得可观的经济效益。江苏近年来也培育出了许多高产优质鲜食玉米。浙江省2014—2020年有38个鲜食玉米品种通过审定,位居全国各省(区、市)前列。

近几年浙江省主栽品种有所变化,老品种面积逐渐下滑,新品种快速增加。鲜食糯玉米品种'苏玉糯2号''苏玉糯1号'在前几年有压倒性优势，但近几年种植面积不断下降。而'美玉8号''美玉7号''燕禾金2000''浙凤糯2号'快速发展，种植面积不断扩大，尤其是'美玉8号'，近年种植面积占全省糯玉米种植面积10%以上。'钱江糯3号''浙糯玉16'近2年种植面积明显增加，仅2021年，'钱江糯3号'的种植面积已占全省糯玉米总种植面积的15.29%。鲜食甜玉米品种'华珍''浙凤甜2号''先甜5号''金玉甜1号''浙甜2088''浙甜2018'在浙江种植时间均已超过10年，且种植面积位居前列。长期以来，'华珍'种植面积一直处于浙江省甜玉米品种的首位，但近几年种植面积不断下滑。新品种'金玉甜2号''浙甜11''金银208''雪甜7401'种植面积增速势头强劲。

鲜食玉米产业的发展有力推动了农民增收致富。据测算，在北方按照1公顷地收45 000个玉米穗子，每个穗子0.5元计算，一公顷就能收入22 000多元，比种植普通玉米收入高出1倍。在南方地区，鲜食玉米每公顷收入能达到30 000多元，增收的幅度更大。此外，还有茎叶销售，效益可观。目前，国内市场对鲜食玉米的需求呈逐年上升趋势，预测未来十年国内需求量将达到60万~70万吨，市场空间非常大。此外，国外对鲜食玉米的需求也与日俱增。仅日本每年就要进口5万吨鲜食玉米。由此可见，我国鲜食玉米产业的发展前景广阔，产出高、效益大，鲜食玉米产业已成为我国新兴绿色产业。

(二) 发展中存在的问题

1. 市场品种繁多，主导品种不突出

近年来甜加糯、糯加甜、水果玉米等鲜食玉米受到市场追捧，经济效益显著。但糯玉米、甜玉米品种繁多，且或多或少还存在皮厚、渣多、口感差等问题，导致主导品种不突出。

据不完全统计，2020年浙江省种植的鲜食玉米品种有131个，其中应用面积超0.067万公顷的品种仅23个，且各品种间种植面积差距不大，面积排名前十的糯玉米种植面积在0.133万~0.333万公顷，甜玉米在0.047万~0.133万公顷，并且各年份之间排名前十的鲜食玉米品种均有变化。

2. 种植模式缺乏多样化，生产缺乏机械化

目前单一鲜食玉米种植模式中有大棚栽培、小拱棚栽培、地膜覆盖栽培和露地栽培等，每年6月中旬到7月初是鲜食春玉米的旺收季节，常发生鲜

食玉米大量集中上市，造成货丰价廉的现象。根据市场需求，错开播种期，发展夏秋鲜食玉米，是提高鲜食玉米种植效益的有效措施。但不同地区因气候环境不同，需区别对待。如浙江地处东南沿海，雨热同期，自然灾害频发，玉米分期上市虽可行但却需要一定的设施条件。

目前由于南方多丘陵和山地，且存在农户经营规模过小的现象，因此，与北方相比，玉米生产机械化程度较低，种植成本偏高，特别是鲜食玉米收获时籽粒含水率较高，对机器要求高，籽粒破损率高、含杂率高、收获质量下降、机械功率消耗大等是目前市场上机械收获存在的普遍问题。机械收获发展滞后是制约浙江鲜食玉米机械化发展的一个重要瓶颈，也是导致种植成本居高不下的主要原因之一。

3. 保鲜冷藏加工亟待发展

鲜食玉米乳熟期收获后，在室温下最多存放3~4天，如果6—7月收获，室温下最多存放1天。目前，常用的保鲜方法是塑料保鲜袋冷藏，该方法保鲜效果欠佳，造成鲜食玉米只能就近销售、集中上市，虽然目前生产上推广分期播种、分期采收，但受制于保鲜时间，不可能做到跟随市场价格调整上市时间。另外，由于规模化加工企业少，产品种类单一，产业化程度低，鲜食玉米加工品主要为速冻玉米、甜玉米罐头、玉米饮料等，精深加工不足，产品附加值低。

（三）对策

鲜食玉米产业在我国还处于起步阶段，但发展前景巨大，为使鲜食玉米产业在我国快速健康发展，应做好以下几方面工作。

1. 培育筛选市场需要的主导品种

收集利用优质种质资源，研究选育优质、抗病、适应性广、种子活力高、易于加工的新品种，突出品质要求，在优质的前提下提高产量，培育出符合市场需求的主导品种。同时，要进一步挖掘糯玉米、甜玉米品种的潜力，加大对特色功能性鲜食玉米品种的研究，引领满足市场消费需求。

2. 研究高产优质栽培技术

鲜食玉米须良种良法配套，才能充分发挥其优良的种性，产生更大经济效益。优良栽培技术不仅在于提高产量，更重要的是提高食用品质、加工品质乃至外观品质。研究表明，不同土壤条件、不同栽培方法，对鲜食玉米的品质均有一定的影响。例如采用大棚育苗、覆膜栽培、育苗移栽，就可以提前播种，早上市，增效益。

着力开展鲜食玉米机械化耕地、起畦、精量播种或机械移栽、无人机防治病虫害等机械化高效栽培技术的研究，进一步提高鲜食玉米生产机械化程度，降低种植成本，增加种植效益；集中优势科研力量，协同突破鲜食玉米收获机械瓶颈，筛选改进适合浙江乃至整个丘陵山地地区的鲜食玉米收获机械。

3. 保鲜技术研究，促成产业化发展

鲜食玉米全身都是宝。从籽粒、茎叶到穗轴，都可以作为新的糖源和食用产品原料，加工生产新的保健食品。鲜食玉米综合开发吸引食品工业、制罐工业和饮料工业及餐饮业的注意。而且，鲜食玉米的茎叶还可作畜牧业的饲料，促进畜牧业的发展。

研究不同类型鲜食玉米采后保鲜技术，聚焦采后预处理、速冻冷藏、真空保鲜等关键环节，筛选出安全保鲜方案，延长货架期。同时关注物流运输，研发优化电商物流环节的保鲜工艺，延长保鲜期，满足长短途运输需求。集成涉及采摘要求、保鲜处理、产品包装、运输环境等的采后玉米处理及物流运输全过程的技术规范。必须建立生产联合体，实行产、供、销一体。扶持鲜食玉米产业和加工龙头企业，特别鼓励和优惠民营企业投资加工业；在农村发展农民合作组织，有计划地发展"订单农业"，促进鲜食玉米产业的发展。鲜食玉米可加工成速冻玉米、罐藏玉米；可进行淀粉和高果糖浆加工，糯质玉米支链淀粉含量多，淀粉糊透明度高，糊丝长，糊化温度低，用糯玉米进行酶法生产高果糖浆，营养高、品质好，简化工艺流程，降低生产成本；可发展酿造工业，糯质玉米符合酿制白酒要求的高淀粉、低蛋白、低脂肪标准，酿制黄酒解决淀粉发酵过程中酶法液化的困难，成本低、效益高。

第二章　鲜食玉米良种选择

玉米种子是特殊的商品，是玉米生产的重要载体，其在生产中占有十分重要的地位。玉米种子的质量与收成有直接的关系，玉米作为我国第一大粮食作物，是粮食安全的重要保障。玉米品种对不同环境条件的适应性各不相同，要根据各地的气候特点和玉米的适宜性选择品种。玉米品种在推广应用前，要参加品种审定前的丰产性、稳产性、适应性、抗逆性等特征特性小区鉴定试验（含品比试验和区域试验）和大区验证试验。同时，对品种的品质、DNA指纹、转基因成分、抗病性等性状也要开展检测。育种单位根据品种特性选择最适生态区参加试验，可选择单一省份审定，也可选择某一区域联合体试验。单一省份抗性鉴定由省农作物品种审定委员会指定的鉴定机构承担，联合体试验由主持单位统一安排，DUS测试、品质检测、DNA指纹检测、转基因检测由具有资质的检测机构承担。省级品种审定试验一般要3~4年，每年10个点次以上的田间鉴定，充分评估玉米新组合的优缺点，综合评价新组合推广应用的价值和风险，达到审定标准的才允许推广。

虽然品种审定制度设置多年多点试验，但是仍然无法覆盖所有气候、环境和种植模式，因此在选择新品种时，不可盲目求新，先小规模试种，再逐步扩大规模，以降低不可控因素造成的损失。

第一节　玉米育种途径和方法

玉米的育种方法在20世纪以来取得了迅速的发展。在玉米育种史上，最初采用不控制授粉的育种方法，这种方法对于改进玉米品种的生育期、植株高度以及穗部性状有一定的效果，但对提高产量的作用甚微。后来发展到控制授粉的育种方法，但开始时，主要是进行品种间杂种的选育，由于玉米品种群体遗传基础复杂，品种间杂交种虽然在产量上有较大幅度的提高，但群体内个体间的差异甚大，群体的整齐度差，因而限制了群体的产量潜力。1909年，Shull指出："玉米育种学的任务不仅是寻找最好的纯系，而且要探索和选育最好的杂交组合。"他首先指出选育玉米自交系间杂交种，这为玉米自交系以及自交系间杂交种的选育奠定了策略性的指导思想。20年后，他的观点引起了人们的重视，从而使玉米育种跃上了一个新台阶。20世纪30年代，美国首先在生产上大面积推广双交种。20世纪60年代以来，世界上各玉米生产国都以推广单交种为主，而选育单交种的第一步工作就是选育优良的自交系。

一、优良自交系应具备的条件

玉米自交系是指从一个玉米单株经过连续多代自交，结合选择而产生的性状整齐一致，遗传上相对稳定的自交后代系统。由于自交系是人工自交选育出来的，其生长势、生活力比自交的原始单株减弱了，但在自交过程中，通过自交纯合以及人工选择，淘汰了不良基因，并且使系内每一个个体都具有相对一致的优良基因型，因而在性状上是整齐的，在遗传基础上是优良的。来源不同的自交系，由于各自的遗传基础以及性状表现互不相同，当它们进行杂交时，就可以使两种基因型间的加性和非加性遗传效应在杂种个体上得到充分表现，从而使杂种F_1表现出强大的杂种优势。杂交种经济性状的优劣、抗病性能的强弱、生育期的长短，取决于其亲本自交系相应性状的优劣以及自交系间的合理组配。因此，选育优良自交系是选育出优良杂交种的基础，也是玉米育种工作的重点与难点。优良的玉米自交系必须具备下列基本条件。

1. 农艺性状好

自交系的许多农艺性状将在杂交种中表现出来，因此，自交系必须具有较好的农艺性状。

（1）植株性状。株型要相对紧凑，株高中等或半矮秆，穗位适中偏低，茎秆紧韧有弹性，根系发达，抗茎部倒折与根倒。

（2）穗部性状。要长穗型与粗穗型兼顾，穗上籽粒行数10~20行，果穗上苞叶严实不露尖、不过长，籽粒中等或大粒。果穗轴较细，质地结实。

（3）抗逆性。对当地主要病（虫）害的一种或多种（如大斑病、小斑病、茎腐病、丝黑穗病、玉米螟等）具有抗性或耐性。对当地特殊的灾害性气候条件（如暴风雨、干旱、低温、盐碱地等）有抗性或耐性。

2. 配合力高

自交系配合力的高低是衡量自交系优劣的首要指标。优良自交系必须具有较高的一般配合力，在此基础上，通过优系之间的合理组配，获得较高的特殊配合力，才有可能选育出具有较强杂种优势的杂交种。

3. 产量高

目前国内外玉米生产上都以推广单交种为主，由于自交系一般生活力弱、产量较低，使其繁殖与杂交制种面积增大，增加了种子生产成本。为了便于繁殖与杂交制种，优良自交系必须具有种子发芽势强、幼苗长势旺、易于保苗、雌雄花期协调、吐丝快、结实性好的特性；作父本的自交系还必须散粉通畅、花粉量大、籽粒产量高，从而减少繁殖与杂交制种面积。

4. 纯合度高

自交系基因型的纯合度要高，只有这样，性状的遗传较稳定，群体才能整齐一致。这样，在繁殖与杂交制种时，便于去杂去劣，保证种子质量，并使杂交种的遗传基础一致，群体整齐，从而充分发挥其杂种优势。

二、选育自交系的方法

（一）选育自交系的基本材料

选育自交系的基本材料有：地方品种、各种类型的杂交种、综合品种以及经轮回选择的改良群体。从这几种基本材料中都曾选育出优良的自交系用于生产。例如，Reid Yellow Dent 育成后，经过各地玉米育种家的选育和改良，先后出现了若干个衍生群体，它们均成为筛选自交系的主要亲本材料，从中育成了许多优良的自交系，如'B14''B14A''B37''B73''B84''1205''Qs420''A632'等，这些自交系都是众多杂交种的亲本，在美国的玉米杂交种的遗传背景中约占50%。Lancaster S. C. 是 Hershery 家族于 1910 年前后育成的品种群体。1949 年 Jones 用 Lancaster S. C. 群体育成'C103'自交系，'C103'自交系以后成为第一个大面积种植的单交种的亲本。1964年，Zuber 又育成了著名的二环系'Mo17'。以后许多育种家又从 Lancaster S. C. 的衍生群体中选育出了一系列优良自交系，如'C14-8''L9''L289''L317''Oh43'等，这些自交系是美国许多优良杂交种的亲本，现在 Lancaster S. C. 优势群中的自交系基本上是从一环系之间的杂交种中选育的二环系。我国的玉米育种工作者从地方品种'金皇后'中选出了'金03''金04'等自交系，从单交种'Oh43'ב可利67'中选出了'自330'。从经轮回选择的 BSSS 改良群体中选出了'B14''B37''B73''B84'等自交系。在育种上，通常将从地方品种、综合品种以及改良群体中选出的自交系称为一环系，将从自交系间杂交种后代中选育出的自交系称为二环系。目前，我国玉米生产上大面积推广的玉米杂交种的亲本自交系绝大多数都是从自交系间杂交种后代中选出的二环系。育种工作者采用哪种基本材料，应视育种目标、育种单位所拥有的种质资源基础、育种工作者的技术水平和经验来确定。

（二）选育自交系的方法

选育玉米自交系是一个连续套袋自交并结合严格选择的过程。一般经 5~7 代的自交和选择，就可以获得基因型纯合、性状稳定一致的自交系。选育自交系的方法有系谱法、回交法、聚合改良法、配子选择法以及近 20 年来发展起来的诱变育种法和花药培养法。而系谱法仍是选育自交系中应用最多的方法，其方法如下。

1. 按田间表现进行选择，也可以按育种季采用相应的选择方法

（1）第一季，根据育种目标要求，选择适当的基本材料。在能力可以承受的范围内应尽可能地种植较多的基本材料，每种材料一般种植 500 株以上，种成一小区，在生长期间认真观察，按育种目标选优良单株套袋自交。每种材料自交 10~30 穗，优良材料还应增加自交穗数。收获前进行田间总评，淘汰后期不良单株，收获的果穗经室内考种，根据穗部性状进行选择，当选的自交穗分别收藏并予以系谱编号。

（2）第二季，将上季当选的自交穗，按基本材料的来源以及果穗的编号，分别种成小区（或穗行）。在自交系选育的自交早代（S_1~S_3）尤其是自交 1 代（S_1），相当于自花授粉作物的杂交 2 代（F_2），是性状发生剧烈分离的世代，因此，田间每一小区（或穗行）内都会发生各式各样的性状分离，一般表现植株变矮、生活力衰退、果穗变小、产量降低，还会出现各种畸形与白化苗。这是对自交系直观性状进行选择的最佳世代，要按育种目标对自交系的要求，在小区内以及小区间进行认真选择。抽雄时，在优良的小区中选优良单株套袋自交。再经田间与室内综合考评，当选的自交穗分别收藏并继续予以系谱编号。

（3）第三季及其以后世代，按系谱种植上季当选的自交穗，继续在田间观察评选，淘汰劣系或杂系，在优系内选优良单株套袋自交，经田间与室内综合考评，当选果穗分别收藏。一般经 5~7 代自交，其植株形态、果穗大小、籽粒色泽类型、生育期等外观性状基本整齐一致，就可获得一批自交系。当自交系选择进行到后期世代，基因型基本纯合，系内性状稳定并整齐一致时，一般可不再进行外观性状的选择与淘汰，而是在系内选择具有典型性的优良植株自交保留后代。在每一世代，对当选的个体均予以系谱编号。当自交系性状完全稳定时，则可以采用自交与系内姊妹交或系内混合授粉隔代交替的方法保留后代，这样做，既可以保持自交系的纯度，又可避免因长期连续自交而导致自交系生活力严重衰退而难以在育种中应用的问题。

在自交系选育过程中的各世代，不同的穗行来自上代不同的基本株，穗行间的性状变异常大于穗行内的变异，因此，在田间选择时，应将重点放在穗行间。通常是先选择表现优良的穗行，再在优良的穗行内选择优良单株套袋自交。自同一原始 S_0 单株或同一个 S_1 穗行的 S_2 穗行称为姊妹行，姊妹行选择到后期所得到的自交系互称为姊妹系。近年来，为了提高单交种的制种产量，常用姊妹系配制改良单交种，因此，要重视姊妹系的选育。

按农艺性状目测选系，这主要凭经验，但是，自交系的优劣并非完全由表现型决定的，配合力的高低则是评价自交系优劣的首要条件。因此，在目测选系过程中，一方面可根据性状相关性来确定自交穗的选留与否，另一方面则应对选系进行配合力的测定。

2. 自交系配合力的测定

对农艺性状进行选择，仅是选育自交系的一个方面。自交系优劣的另一个重要条件是配合力的高低，这是无法目测的，而只能通过测定才能对选系的配合力高低进行可靠的判断。配合力与其他性状一样是可以遗传的，具有高配合力的原始单株，在自交的不同世代与同一测验种测交，其测交种一般表现出较高的产量，反之，测交种的产量较低。

（1）配合力大小的趋势。配合力的遗传是复杂的，很多问题还在探讨中，但就现有的研究结果来看，表现出下列趋势。

① 自交原始材料的群体产量水平和选系配合力的高低有密切关系，群体的优良性状多、产量高，就说明这个群体的优良遗传因子也多，因而有较

大的可能性选出高配合力的自交系。故自交系的配合力高低和原始群体产量水平有直接关系。

② 自交系配合力的高低和一些产量性状及其遗传率有着密切的关系。一些高配合力的自交系常具有突出优良的产量性状，而且它们的这些性状具有较强的传递力，常能在杂交组合中表现出来。自交系配合力的高低通过杂交种表现出来，其表现程度除自交系本身因素之外，还要受杂种亲本间亲缘关系远近、性状互补、环境条件等因素所制约，所以自交系产量性状只能说明其配合力的一个方面。

③ 原始单株（S_0）配合力的高低和共自交后代配合力高低是基本一致的，由同一原的单株所选育出的不同姊妹系间配合力的变异远远小于不同原始单株之间的变异。因此，在 S_0 代进行一般配合力测定是可取的，这样便于及早淘汰低配合力单株，集中力量在高配合力的单株后代中选择优系。但是配合力高的原始单株自交后代中也能分离出少量配合力不高的植株，因此，在选育自交系过程中应保留一定数量的姊妹系，并对自交系配合力进行晚代测定，以提高选择效果。

（2）配合力的测定。对配合力的测定，通常需考虑以下几个方面。

① 配合力测定的时期：测定配合力的时期一般有早代测定和晚代测定两种。前者指自交当代至自交 3 代（$S_0 \sim S_3$）测定。由于提早测定了自交系的配合力，不但可以减轻以后的工作量，而且还有助于提早对自交系的利用。后者是在自交 4 代（S_4）及以后世代进行测定，由于遗传性已较稳定，容易确定取舍，但工作量较大，且肯定优良自交系较晚，往往要影响自交系的利用时间。

早代测定自交系配合力的根据有二：第一，基本株之间的配合力有显著的差别；第二，配合力的高低决定于基本株，来源于同一基本株的不同自交世代，具有大致相同的配合力。在测定了 S_0 或 S_1 的配合力而选出的一群自交早代材料中去自交和选择，较之在同一群随机样本中仅凭目测选择自交的方法，能更有把握地获得有价值的高配合力的自交系。其做法是：S_0 株自交的同时，各自交株分别与一测验种杂交，并分别成对编号，测交种产量的高低作为是否继续自交的取舍标准，大量淘汰配合力较低的早代自交穗，集中力量在高配合力后代内继续自交和选择。

② 测验种的选用：用来测定自交系配合力的品种、自交系、单交种等，

统称为测验种。这种杂交称为测验杂交，简称测交，其杂种一代称为测交种。

选用哪类测验种测得的结果较为可靠，到目前为止还没有一致意见。以往有人主张，在测定一般配合力时，用品种或品种间杂交种做测验种，因其遗传基础复杂，包含很多不同基因型的配子，可以测出一般配合力。近来很多育种工作者，主张用当地常用的几个骨干优良自交系作测验种，不仅能测出一般配合力，而且也可以测出特殊配合力，这样可以提早确定高产组合，提高育种效果。一般是在早代测定时为了减少测交工作量，常采用品种或杂交种作测验种以测定一般配合力；晚代测定采用几个骨干自交系测定其特殊配合力。

目前生产上广泛利用单交种，各地进行晚代测定时常用若干个优良自交系作测验种，同时测定新自交系的一般配合力和特殊配合力，使配合力的测定和新组合的选育相结合，以提高育种工作的效率。为了提高测交的效果，用作测验种的骨干自交系必须是在当地表现优良的、与被测系无亲缘关系的高配合力自交系。同时，自交系测验种数目不应过少，这样才能比较可靠地反映被测系的一般配合力和特殊配合力。

在测定自交系配合力时，也应注意所选测验种的类型，只用同类型的测定（马齿×马齿或硬粒×硬粒），其结果就偏低；而用异类型的测定（马齿×硬粒），其结果就偏高，测验结果由于自交系类型不同而有差别。为了纠正这种偏高和偏低的影响，可以采用中间型测验种进行测定，如用中间类型的品种、品种间杂交种或单交种以测定一般配合力，其测交产量结果比较可靠。但当目的在于既测定配合力又要获得高产的杂交组合时，就不受上列测验种类型的限制。

③ 配合力测定的方法：自交系配合力的测定，通常先测定一般配合力。方法多用顶交法，即用一个品种或杂交种作测验种，如在早代测交，则用测验种作母本，用被测材料作父本，一边自交，一边测交，并要成对编号，以便根据测交种鉴定结果，进行选择与淘汰。如在晚代测定，因被测系已稳定，可作为母本和测验种进行测交。如被测系较多时，可设置隔离区，父母本相间种植，抽雄时拔除被测母本的雄穗，其植株上所结种子即为测交种。下一年进行测交种产量鉴定，根据产量水平，鲜食玉米可根据品质水平，判断各系配合力的高低。如采用测用结合方式，就须用多个自交系作测验种进

行测交工作，设置几个隔离区进行测交制种。

在测定一般配合力之后，再将高配合力的自交系进行特殊配合力测定。一般采用轮交法，即将这些自交系彼此一一相交。测交种的产量比较试验结果，既表示这些系间的特殊配合力的高低，又可获得新的优良杂交种。经过配合力的测定，优良自交系确定后，就可组配杂交种，再经过产量比较和区域试验，表现优异的杂交种即可在生产上推广利用。

为尽快选育出优良自交系，20世纪60年代开始应用花药培养法加快自交选系的纯合，'Goodsell''谷明光''Kermble'等利用遗传标记性状来区分单倍体和加倍后纯合的双单倍体已获成功。利用花药培养加速玉米自交系的纯合的技术现已有很大的改进，出穗率和绿苗率都有提高，但是培养出单倍体植株和加倍的成功率仍然偏低。另外，尽管花药培养单倍体具有快速获得纯合的玉米自交系的优点，但这些自交系属于随机的基因型样本，最终育出配合力高、性状优良自交系的概率不高，这是花药培养在玉米自交系选育中尚需继续研究的课题。

20世纪80年代初，开辟了玉米自交系选育的新途径，即在自交系内产生的变异中进行选择，从而免除通过自交系间杂交诱导遗传变异的工作。在组织培养实际工作中，表现型发生明显变异的往往属于单基因控制的性状，而由多基因控制的性状的变异则接近正态分布。目前，组织培养也有其自身的缺陷，还需借其他育种方法来鉴定所获得的材料的利用价值，尽管如此，从玉米育种角度来看，通过组织培养利用体细胞变异来扩大变异来源，对开拓玉米种质具一定的意义。

三、自交系间杂交种的选育

现代玉米生产上主要是利用杂交一代的杂种优势。玉米育种工作除了自交系的选育外，就是杂交种的选育，玉米杂交种有多种类别：品种间杂交种、品种与自交系间杂交种（即顶交种）和自交系间杂交种；自交系间杂交种则包括单交种、三交种、双交种和综合杂交种。由于目前玉米生产上主要是自交系间杂交种，并且以单交种为主，因此世界各国玉米育种工作的重点是选育单交种。

经过农艺性状的多次选择和一般配合力测定所获得的较好的自交系，根据育种目标，考虑亲本选配原则，进行人工控制授粉产生杂交种子，经产量、品质鉴定和比较，就可选育出新杂交种，在鲜食玉米选育中，品质指标要高于产量指标。

（一）单交种的选育

单交种的组配实际上是结合自交系配合力测定时完成的，当采用双列杂交法和多系测交法测定自交系配合力时，就可选出若干个强优势的单交种，在此基础上对这些单交种进一步试验，并对这些单交种及其亲本系的有关性状和繁殖制种的难易程度进行分析，最后决选出可能投入生产的几个最优单交种。在进行单交种的选育时，根据杂种优势群和杂种优势模式对亲本进行选择，可减少选配工作的盲目性。

经过配合力的测定选出优良自交系后再组配单交种的方法主要有以下两种。

1. 优良自交系轮交组配单交种

经过一般配合力测定的优良自交系，可将它们用套袋授粉的办法，配成可能的单交组合，组合数目为 $n(n-1)/2$，其中 n 为自交系数目。

2. 用"骨干系"与优良自交系配制单交种

在优良自交系数目很多时，可选取特别优良自交系作"骨干系"，分别与其他系杂交，进行产量和品质鉴定，选出符合育种目标要求的杂交种。

单交种是当前在生产上利用最广的一种类型，它具有优势强、性状整齐一致、亲繁制种程序比较简单等优点。但制种产量偏低、成本较高是它的主要缺点。因此，可利用改良单交种的方式来克服上述缺点。

改良单交种是通过加进姊妹系杂交的环节来改良原有的单交种的。例如单交种 A×B，它的改良单交种有（A×A′）×B，A×（B×B′）和（A×A′）×（B×B′）等三种方式，A′和 B′相应为 A 和 B 的姊妹系。利用改良单交种的原理有两点，一方面是利用姊妹系之间近似的配合力和同质性，以保持原有单交种的杂种优势水平和整齐度；另一方面是利用姊妹系之间遗传成分中微弱的异质性，获得姊妹系间一定程度的优势，使植株的生长势和籽粒产量有所提高。所以利用改良单交种，既可保持原单交种的生产力和性状，又可增加制种产量，降低种子生产成本。

（二）三交种和双交种的选育

三交种和双交种都是根据单交种的试验结果组配的。1934 年 Jenkins 经过周密的试验后，提出了利用单交种产量预测双交种产量的方法，第一种方法是根据4个亲本系可能配制的6个单交种的平均产量预测双交种的产量，公式如下：

（AB×CD）= 1/6（AB+AC+AD+BC+BD+CD）

第二种方法是根据6个可能的单交种中的4个非亲本单交种的平均产量预测双交种的产量，公式如下：

（AB×CD）= 1/4（AC+AD+BC+BD）

按同样的原理，也可预测三交种的产量，公式如下：

（AB×C）= 1/2（AC×BC）

上述方法都是以一组当选的优系，采用双列杂交法取得单交种的产量结果后再按产量测交方法配制出相应的双交种和三交种。除此之外，还可用优良的单交种作测验种，分别和一组无亲缘关系的优系和单交种测交，配制出双交种和三交种。

(三) 综合杂交种的组配

综合杂交种是遗传性复杂、遗传基础广阔的群体。组配综合杂交种必须遵守下列原则：①群体应具有遗传成分的多样性和丰富的有利基因位点；②群体在组配过程中，应使全部亲本的遗传成分有均等的机会参与重组，并且达到遗传平衡状态。综合杂交种的亲本材料是按育种目标的需要选定的，一般是用具育种目标性状的优良自交系作为原始亲本，也可加进适应性强的地方品种群体作为原始亲本。为了获得丰富的遗传多样性，作为原始亲本的自交系数目应较多，一般用10~20个系，多者可达数十个系。组配综合杂交种可采用下列方法。

1. 直接组配

把选定的若干个原始亲本自交系（含地方品种）各取等量种子混合后，单粒或双粒点播在隔离区中，精细管理，力保全苗，任其自由授粉，并进行辅助授粉。成熟前只淘汰少数病株、劣株和有缺陷果穗，不进行严格选择，尽量保存群体的遗传多样性。以后连续在隔离区中自由混粉繁殖4~5代，达到遗传平衡，就获得了综合杂交种。

2. 间接组配

把选定的若干原始亲本自交系（含地方品种）按双列杂交方式套袋授粉，配成可能的单交组合，在全部单交组合中各取等量的种子混合，以后连续在隔离区中自由混粉繁殖 4～5 代，每代只淘汰病株和劣株穗，不进行严格选择，逐渐达到遗传平衡。

此外，还可采取成对杂交的方式，配成单交种和双交种。例如，用 16 个原始亲本系，可先套袋授粉配成 8 个单交种，再配成 4 个双交种。从双交种中各取等量种子混合，然后在隔离区中自由授粉，收获群体。有时为了特殊的育种目的，需要加强某一原始亲本的遗传成分。例如，在改良地方品种群体时，可用地方品种作为母本，用选定的若干优系分别和地方品种授粉，获得若干顶交组合，然后从顶交组合中各取等量种子混合，然后在隔离区中自由授粉，收获群体。

以上各种方法合成的综合品种，若要用其遗传平衡群体，可在隔离区内连续自由授粉 4～5 代，再作生产用种。

（四）玉米育种工作中的杂种优势群和杂种优势模式

在进行玉米杂交种的选配工作中，根据杂种优势群和杂种优势模式选择适当的亲本组配杂交种，可达到事半功倍的效果。

杂种优势群是指在自然选择和人工选择作用下经过反复重组，种质互渗而形成的遗传基础广泛、遗传变异丰富、有利基因频率较高、有较高的一般配合力、种性优良的育种群体。从杂种优势群中可不断分离出高配合力的优良自交系。杂种优势模式是指两个不同的杂种优势群之间具有较高的基因互作效应，具有较高的特殊配合力，相互配对可产生强杂种优势的配对模式。从配对的两个杂种优势群分别选出强优势杂交种的概率也相应较高。因此，杂种优势群不是一般的人工合成群体和开放授粉群体，也不是任何杂种优势群之间均能组配成杂种优势模式。对杂种优势群和杂种优势模式的研究是玉米育种工作一项具有战略意义的基础性工作。

种质渐渗与自然选择和人工选择是玉米进化的基本原因，遗传物质的重组和分化是玉米进化的必然过程。从进化的观点看，杂种优势群仅具有相对的稳定性，不是一成不变的，而是处在不断发展变异之中。玉米育种界应将杂种优势群的保存和开发作为重要课题，不仅要探讨保存和延续国内两大地方品种杂种优势群'塘四平头'和'旅大红骨'丰富的生命力，而且要加强新杂种优势群及杂种优势模式的开发，特别是从南方玉米区丰富的地方种质中开发新杂种优势群，探讨组建高级杂种优势群的途径及其机理，促进玉米育种取得突破性的进展。

第二节 种子选择的原则

农民选择农作物品种时应该遵循产量是基础、抗病是保证、质量是效益的原则。玉米应选择高产、广适性、商品性好的品种,鲜食玉米尤其要选择品质佳的品种,如何选好玉米良种,是关系到增产增收的关键问题。

一、根据当地条件选种

热量充足,就尽量选择生长期较长的玉米品种,使优良品种的生产潜力得到有效发挥。但是,过于追求高产而采用生长期过长的玉米品种,秋季播种后期温度低则会导致玉米不能充分成熟,籽粒不够饱满,影响玉米的营养和品质。所以,选择玉米品种,既要保证玉米正常成熟,又不能受到霜冻等危害。要将早、中、晚熟品种进行合理搭配,根据播种地区适当选择品种。在生产管理水平高,且土壤肥沃、水源充足的地区,可选产量潜力高、增产潜力大的玉米品种。反之,应选生产潜力稍低,但稳定性较好的品种。降水多的地区可选喜欢肥水的丰产型品种,干旱风沙地区可选耐贫瘠薄型品种。

前茬种植的是大豆,土壤肥力则较好,宜选择高产品种;若前茬种植的是玉米,且生长良好、丰产,可继续选种这一品种;若前茬玉米感染某种病害,选种时应避开易染此病的品种。另外,同一个品种不能在同一地块连续种植三四年,否则会出现土地贫瘠、品种退化现象。

二、根据市场选种

(一) 跨区域品种选择

玉米品种审定制度分为国审和省审,各级品种审定制度允许品种审定推广都是基于设置在相应生态区的鉴定试验数据进行判断的,由于省级审定品种的前期鉴定条件局限于本省内相应的生态区,不能代表其他省份的表现。种植户选择跨区域推广的品种时,即使提前一年试种,也只能代表一个生态条件下的表现,仍存在局限性,需要谨慎。种子企业如果将同一生态区邻近省份的品种引入本省种植,也需要先做引种试验,评价该品种的适应性,引种通过后方可推广。如需要跨区使用品种，应降低引种过程中的风险，避免远距离引种和跨生态区引种，同时充分考虑所引的品种对光周期的敏感性。

（二）种子质量符合国家标准

玉米杂交种有几种类型：①品种间杂交种；②顶交种；③自交系间杂交种，包括单交种、双交种、三交种和综合杂交种。品种间杂交种，是利用两个自然授粉的品种相杂交，所产生的后代叫品种间杂交种，具有取材方便、育种时间短、制种简便等特点；顶交种是利用当地最优良的品种与一个自交系杂交而成，具有选育简单、制种简便等特点；单交种是两个不同的自交系杂交而成，市场上销售的玉米种子大多为玉米单交种；双交种是由4个自交系先配成两个单交种，再以两个单交种杂交而成，双交种整齐度不及单交种，制种较复杂，但制种产量高，种子成本低；三交种是三个不同的自交系，经两次杂交而成，三交种整齐度一般不如单交种，制种技术比单交种复杂，但制种产量高；综合杂交种是在隔离条件下，用若干个优良自交系或自交系间杂交种，任其授粉，相互杂交而成，其杂种优势稳定，配种一次，可在生产上连续应用多年，不必年年制种。国家对玉米种子质量有严格的标准，其对鲜食玉米种子质量的要求和饲用玉米的要求是一致的，要符合谷物种子质量标准（GB 4404.1—2008）。该标准把种子分为常规种、自交系、单交种、双交种和三交种5种类型，鲜食玉米大田用种一般为单交种，但有些甜玉米使用的是三交种。单交种要求种子纯度不低于96%，净度不低于99%，发芽率不低于85%，含水量不高于13%；三交种要求种子纯度不低于95%，其他指标与单交种相同。

（三）鲜食玉米品种选择标准

种植鲜食玉米要经常关注市场对玉米品种的需求，当以鲜穗直接上市为目的时，首先要考虑口感好、熟期较早；其次看果穗大小、色泽和抗性等。鲜穗要求籽粒皮薄渣少，口感黏香，口味纯正；外形美观，苞叶完整，果穗均匀一致，大小适中，籽粒排列整齐紧密，行间无缝隙，顶部结实饱满无秃尖；早熟可促进青果穗提前上市，提高售价，并可增加年内种植次数；生产时做到早、中、晚熟不同熟期品种搭配，实现青果穗的周年供应。当以加工速冻、真空保鲜产品为目的时，要求选择品质好、果穗大、耐贮运、适于长时间冷藏的品种；果穗大小与加工有关，依加工的产品不同而有所差别。整穗形状为圆筒形、轴细、粒深且整齐一致。籽粒颜色好且容易保色，经高温杀菌后，不发生变化或不易褪色。当以加工籽粒产品为目的时，主要选品质优、穗轴细、籽粒大、籽粒深的品种。

种植优良的鲜食玉米产品可以获得较高的收益，具备以下特点：食味品质优、商品品质好、营养品质高、产量高、抗性好。

食味品质是指品尝鲜食玉米口感的好坏，是决定品种优劣、经济价值高低的重要指标。其影响因子有很多，主要是籽粒果皮厚度、糯性、柔嫩性和香味等。优良鲜食玉米应该皮薄、渣少或无渣，黏软细腻，有适度的甜味和清香。

商品品质是指鲜食玉米果穗、籽粒销售时的直观外形印象，当食味品质相近时，外观决定价格和等级标准。外观品质的评价主要有果穗整齐度，苞叶完整性，不露尖、不秃尖；籽粒饱满、排列整齐、色泽光亮。

营养品质是指鲜食玉米籽粒中所含营养成分的多少及其对人体的营养价值。营养成分主要包括氨基酸、蛋白质、淀粉、脂肪、维生素等，这些成分含量的高低被认为是营养品质优劣的评价标准，营养品质同时也是食味品质和加工品质的基础。

产量是种植者获得效益的基础。抗性包括抗病性和抗逆性，抗病性是指鲜食玉米抵抗常见病害（大斑病、小斑病、南方锈病、茎腐病、纹枯病等）能力的评价；抗逆性是指鲜食玉米对不良气候（温度异常、干旱胁迫、涝害等）和土壤（盐碱、酸碱异常、重金属）等环境胁迫抗耐能力的评价。

第三节　种子精选分级作用与方式

种子是有生命的农业生产基本资料，具有高科技含量的特性，也是农业技术和农业生产资料发挥作用的载体。我国玉米种子商品率达到100%，年用种量超过10亿千克。但我国玉米种子产业长期以来一直处于"一流的种子、二流的加工、三流的包装、四流的价格"的状态。我国玉米品种丰富，田间制种已经规模化和规范化，但在种子加工方面却远远落后于世界先进种子企业，这也主要表现在加工技术落后与管理体制不完善两个方面，这种落后制约了种子产后附加值的提高，阻碍了种子市场化和产业化的形成。

一、种子精选分级作用

种子加工是指种植作物的种子自收获到播种前所进行的各项处理的全过程，是提高种子质量的重要措施，也是种子商品化的关键环节。种子精选分级是整个种子加工过程的核心步骤，其主要目的是通过加工处理提高种子的净度、降低含水量、提高发芽率和活力，防止种子进行病虫害传播。种子加工一般包括选穗干燥、脱粒预清、精选分级、包衣、包装和贮藏等6个过程。

近年来，随着农村劳动力逐步向城市转移，农业生产机械化程度不断提升，玉米单粒播种技术得到快速推广，该技术可实现播种机械化，但这种技术除了要求播种机自身具备优良性能外，还要求玉米种子具有高均匀度来保证播种质量，以保证最终的稳产和高产。

随着玉米种植对高质量种子需求的提升，近年来种子精选分级越来越受重视。种子精选分级后，形状、大小和整齐度基本一致，机械播种质量和效率提高，即使人工播种，田间出苗均匀率也显著提升，减少人工移栽的环节，提高效率、节约成本。

二、种子精选分级方式

种子精选分级是根据不同种类种子间以及种子与杂质间存在的显著物理特性差异，并利用机械设备、电子设备来识别这些差异，最终将种子与杂质、破损粒、不饱满粒等进行分离，生产出高净度、高质量的种子，目前种子精选分级主要有以下5种方式：

① 根据种子粒型、尺寸进行分离，即利用种子长、宽、厚尺寸指标进行分离。如窝眼筒筛是按照种子长度进行分离的，圆孔筛是按照种子宽度进行分离的，长孔筛是按照种子厚度进行分离的。

② 根据空气动力学原理进行分离，种子批中不同组分的临界风速存在差异，利用这一特性可实现种子分级。

③ 根据种子密度进行分离，种子密度因种类、饱满度、含水量及受病虫危害的程度不同而有差异，优质种子与劣质种子或杂质的密度差异越大，则分离效果越好。

④ 根据种子的表面特性进行分离，不同种类种子表面形状和表面粗糙

度不同，其对不同斜面摩擦系数就存在差异，利用这一差异性，可将种子进行分级。

⑤ 根据种子色泽进行分离，不同种类、不同成熟度种子的表面颜色会存在差异，利用这一特性可将种子进行分级。

第四节 鲜食玉米制种技术

鲜食玉米种源的质量要求高，市场价格竞争激烈，因此，生产出优质、高产、低成本的杂交种对鲜食玉米生产的发展和农民种植的积极性具有十分重要的现实意义。高产制种技术的应用，能显著提高制种产量，为种子生产者提供技术保障。

一、选地与隔离

为了更好地保证纯度，选好隔离制种田是制种生产过程中最关键的一步。隔离区的田块要选择生态条件良好，远离污染源，地势平坦，肥力均匀，前茬一致，渗水与保水性能好，土层深厚，排灌方便且无遮阴的沙壤土田块。

为保证隔离区的制种安全，确保制种质量，杂交种生产时的隔离方法一般选择时间隔离和空间隔离。时间隔离即父母亲本播种要与邻近其他玉米错期播种；空间隔离即隔离区内制种田与其他玉米种植田的间隔距离一般应不少于 400 米；在多风地区，特别是隔离区设在其他玉米田的下风处或地势低洼处的制种田，应适当加大隔离距离，一般应不少于 500 米的间距。

二、播种前准备

播种前应对播种田块进行精细整地，要求土表泥块细碎平整，创造肥力均匀的土壤环境，并开好田间排水沟，既可做到旱则能灌、涝则能排、雨停田干，又可降低田间湿度，减轻田间病害的发生。田间整理好后开始施基肥，一般有机肥与氮、磷、钾肥配合施用，每亩施氮磷钾复合肥不少于 50 千克、精制有机肥 500 千克。

采用精选后质量好、纯度高的亲本，播种前要进行种子处理及发芽率测试，种子处理一般采用晒种的方法，晒种1~2天，增加种子生活力，提高种子发芽率和发芽势，杀灭种子表皮菌源，减轻病虫危害。发芽测试要求亲本发芽率达到85%以上，如果发芽率低于85%，应酌情加大播种量。

三、田间管理

播种后、出苗前，用二甲戊灵均匀喷洒在土壤表面。喷施时应注意最好在风小或无风时进行，效果较好。3~4叶期间移苗，5~6叶期定苗。每穴留1株，缺苗时，边苗可留1穴双株。间、定苗时根据父母亲本特征特性，去除大小苗、异杂苗、黄化苗等，使秧苗保留一致。

对机械混杂、生物学混杂、自然变异的杂种苗（此类株表现为生长势强、植株高大）以及母本的细、弱、病苗和遗漏株（母本行里生育期迟的植株，大面积去雄时处于喇叭口期，此类株极易遗留），分别在拔节期、孕穗期根据父母亲本的特征特性彻底去除，以保证杂交种的纯度。

四、母本去雄

为保证制种质量，提高制种产量，减少自交与混杂，应做到适时去雄。一是在母本雄穗露尖时将其拔除。二是采取摸苞带叶去雄的方法，即在母本雄穗没有抽雄前，伸手在主茎顶端苞叶里将摸到的雄苞连同苞叶一同拔掉。去雄时食指和拇指尽量往心叶里伸，以防多带出叶或把雄穗折断，遗留残株，预防折断的雄穗自交混杂。带叶去雄有利于母本行植株生长健壮，降低母本高度，扩大母本行的授粉空间及减少病虫发生，同时带叶去雄可减少养分消耗，起到了增产的效果。去雄期间，要逐株检查，不留残株、死角，所去雄穗必须带出田外集中处理，以防残留雄穗散粉混杂。

五、花期管理

花期管理是指田间花期预测与调节管理。在制种生产过程中由于受特殊的气候条件、亲本性状、土壤类别等诸多因素的影响，往往会造成玉米花期相遇不良或不能相遇，授粉效果差，结实率低、产量下降，甚至制种失败，因此做好花期预测与调节工作，对产量形成具有十分重要的意义。

（一）花期预测

一是叶片检查法，根据双亲叶片出现的多少判断花期是否相遇。方法是在制种田内选 4~5 处，各 5~10 株，从苗期开始在第 5、第 10、第 15 叶做标记。总叶片数相同的组合，以父本出现的叶片比母本少 1~2 叶为花期相遇的良好标志；总叶片数不同的组合，应将父母本总叶片的差数进行计算确定，以母本未抽出叶片数比父本少 1~2 叶表明花期相遇良好。二是倒推叶片法，拔节后剥出未长出的叶片来测定亲本是否协调、花期是否相遇，一般情况下，如果母本未抽出的叶片比父本少 1~2 片则表示双亲良好相遇。

(二) 花期调节

1. 播期调节

以双亲在当地的生育期为标准，相同则可同期播种，如母本花期与父本相差 1~2 天也可同期播种，若双亲花期相差 3 天以上，则需调节播期，即错期播种。因全国各地多数品种选择在西北进行制种，以达到高产的目的，因此父母本播种期需要通过播差试验来进行初步判断，且最好重复 2~3 年试验，以减少年份间温湿度差异造成的影响。确定好适宜的播差、播种期、密度等指标后再开展大面积制种，以防花期不遇而导致损失惨重。

2. 喇叭口期调节

对鲜食玉米亲本生育期也可通过喷施激素类物质进行调节，比如对发育偏晚的亲本采取追施肥水、喷施植物生长激素等措施进行调节。可采用叶面喷施磷酸二氢钾和细胞分裂素，也可用"九二〇"叶面喷雾。

3. 去雄期调节

如母本早于父本，方法为：①推迟母本去雄时间，等到将要散粉时才去雄，以延缓雌穗生长；②母本吐丝过早，则可采取剪母本花丝的方法；③对父本喷施磷酸二氢钾和细胞分裂素，促其提早成熟开花。如父本早于母本，方法为：①对父本采取剪心叶（3~7 厘米）、断根（离主根 15~20 厘米处垂直切断侧根）的方法，延迟散粉；②对母本加强肥水管理，提早去雄时间，促进母本提早吐丝；③采集父本的花粉，包装完整后放置于液氮罐中保存，待母本吐丝后，取出父本的花粉授在母本的花丝上。

六、辅助授粉

做好人工辅助授粉是提高母本结实率、增加制种产量，预防花期不遇、花粉量少及授粉困难的有效手段，在无风或花粉量不足的情况下，效果尤为明显。

（1）机器辅助。机动吹风在上午10时左右父本散粉时，用背负式机动喷雾器对准父本雄穗吹风，促进其花粉长距离的传播，提高母本的授粉率。

（2）人工授粉。人工采集新鲜的父本花粉，对准母本果穗的花丝逐一授粉即可。授粉时，可将暂时采集不用的花粉放在液氮中保存，用于后续授粉，以免阳光直射影响花粉质量。

七、铲除父本

待父本雄穗花粉散完后，及时铲除全部父本，切不可留作他用。铲除父本，田间可节水、节肥，减少养分消耗，为母本创造良好的生长环境，最主要的是防止收获时与母本果穗混杂，影响种子质量。

八、病虫防治

病虫害主要有灰飞虱传播的玉米粗缩病和玉米螟，当然不同的制种地区病虫害不同（第四章鲜食玉米主要病虫害防治技术将详细论述）。4月下旬以后播种的亲本，每隔6~7天用药1次，药剂可用10%氯噻啉1 000倍液或25%吡蚜酮1 500倍液防治灰飞虱；玉米螟在心叶末期用55%毒·氯乳油800倍液灌心1~2次防治。

九、收获贮藏

果穗苞叶发白干枯、蓬松，80%以上植株籽粒变硬，乳线消失，此时为玉米完熟期，择日即可采收。收获进场前应严格清场，对脱粒用的机械也需仔细检查，防止晒场及机械有其他玉米籽粒混杂。种子脱粒晒干后贮藏在阴凉干燥处，并及时密闭用磷化铝熏蒸防治虫害。

第五节　鲜食玉米种子包衣技术

玉米种子包衣的目的是保护种子和幼苗免受病虫害侵染，同时避免种子在贮藏期内受到害虫危害。大部分销售的杂交玉米种子都经过了杀菌剂或者杀菌剂、杀虫剂组合的处理，因此在播种时，特别是遇到土壤板结或者低温潮湿等恶劣环境时，杀菌剂和杀虫剂将有助于保护种子免受病虫害侵染，使之顺利萌发。种子处理剂也可以显著降低在收获和加工过程中因机械损伤或种子破裂而造成的病原菌侵染。

杀菌剂和杀虫剂通常混合在一起对种子进行包衣处理，是最经济有效的种子处理方式，在现代化的种子生产中，包衣处理已经成为种子加工中不可或缺的一项工艺。鲜食玉米中甜玉米多带包衣，甜玉米与普通玉米不同，其种子由于胚乳隐性突变基因抑制了籽粒中淀粉的合成，干燥失水后籽粒皱缩，种子活力下降，不耐贮存，而且在种子包衣时容易受种衣剂本身及包衣过程中种子吸涨等因素的影响而使种子发芽率下降。研究表明，种衣剂对甜玉米包衣后的种子贮存性具有明显的影响，包衣后种子发芽率随贮存时间显著下降，尤其是在室温条件下贮存时发芽率降低的幅度更大，这极大程度与甜玉米种皮薄，种衣剂的各成分透过种皮对种胚或胚乳造成极大伤害有关。因此，甜玉米种子包衣需要慎重选择种衣剂，需注意的是包衣后的种子不可长期贮存。

一、种子初加工

包衣前对玉米种子进行初加工，被包衣的玉米种子必须经过精选，去除杂质和破碎粒，其成熟度、发芽率、水分含量等均应符合良种标准化要求，否则影响到种子包衣效果。

二、选择种衣剂

种衣剂是一种用于种子包衣的制剂，主要由杀虫剂、杀菌剂、复合肥料、微量元素、植物生长调节剂、缓释剂或黏着剂等加工制成的药肥复合型的种子包衣产品。种衣剂以种子为载体，借助于成膜剂或黏着剂将药剂附着在种子上，并很快固化为均匀的一层药膜，且不易脱落。播种后种衣剂对种子形成一个保护屏障，种子吸水膨胀后，种衣剂也不会马上溶解，而是伴随种子发芽和出苗成长，其有效成分逐渐被植株根系吸收，传到幼苗植株各部位，使幼苗植株对种子带菌、土壤带菌及地上地下害虫起到防治作用，能促进幼苗生长和增加作物产量。

种衣剂按用途可分为下列几种类型。

（一）农药型种衣剂

农药型种衣剂是当前品种种类最多、应用最广泛的一种种衣剂，它的主要成分是农药,能防止土传、种传病虫害的蔓延,并能有效地防治苗期病虫害,药效有效期可达45~60天。但这种种衣剂会污染土壤、造成人畜中毒,对土壤长期发展造成不利影响,因此应尽可能选择高效低毒的农药作为种衣剂成分。

(二) 微肥型种衣剂

微肥型种衣剂是通过加入微量元素来调治作物缺素症。与施肥相比,微肥种衣剂可节约微量元素用量,提高微肥的应用效果。如缺锌地块,施用锌肥需硫酸锌7.5~15千克/公顷,用锌肥拌种需硫酸锌150~225克/公顷,而用加锌种衣剂处理仅需硫酸锌30克/公顷,大大减少了用量。

(三) 除草种衣剂

除草种衣剂含有易扩散的高效除草剂,用于专治苗床或大田苗期杂草。

(四) 促进作物生长种衣剂

如美国、新西兰等国家用石灰将牧草种子包衣,在酸性土壤中播种,由于石灰可以中和土壤酸度,从而保护种子正常萌发和幼苗生长,达到植株健壮、产草量增加的效果。日本近年来将过氧化钙加入水稻种衣剂中,由于过氧化钙在水中分解可释放出氧气,从而促进种子水下萌发,保证出苗率且提高壮苗比例。

(五) 调节花期种衣剂

美国 Northrupking 公司研制出了一种种衣剂,包衣后可导致土壤水分向种子内移动缓慢,使种子发芽延迟,从而延迟生长和开花,用于杂交育种调节花期,达到双亲花期相遇。

(六) 利于播种的种衣剂

利于播种的种衣剂主要用于包衣小粒或表面皱凹不平的种子,使之大粒化、均匀化、表面光滑,从而方便机械播种。

(七) 蓄水抗旱种衣剂

中东海湾国家用吸水树脂对种子进行包衣处理,其吸水量可达吸水树脂的300~1000倍,因而在种子周围形成"水库",增强种子在干旱条件下的吸水能力,促进种子发芽和幼苗生长。

(八) 抗流失种衣剂

美国 Northrupking 公司研制的抗流失种衣剂，它把水溶性黏附剂黏附在种子上，播后一旦遇水便与周围土粒结合在一起，从而限制种子的流动，在水土易流失的斜坡上播种，可达到很好的固定种子的作用。

(九) 生物种衣剂

根据生物菌类之间的拮抗原理，筛选出有益的拮抗菌，用于抵抗有害病菌的繁殖和侵害，从而达到防病目的。如美国为防止农药污染土壤，曾用木霉菌和肠杆菌配成黏质药剂，替代农药成分进行玉米、棉花的种子处理，达到较好的抗病效果。生物型种衣剂虽然出现时间并不长，但从环保角度考虑，开发天然、无毒、不污染土壤的生物型种衣剂是未来种衣剂发展的必然趋势。

此外，还有以活性炭为主要成分的抑制残留除草剂的种衣剂和调节土壤 pH 值的种衣剂等类型。

为解决某一特定问题而配制的药剂，称为单元型种衣剂。上述的各个种衣剂，如果单独使用，都属于单元型种衣剂。其特点是针对性强，能及时、彻底地解决特定的问题，并具有药用效率高、解决问题效果好的特点。但在实际生产中，往往需要一次包衣兼备多种功效，如防病虫害、提高抗性、促进生长等，因此包衣剂内需要含有农药、生长调节剂等多种有效成分，这种复合配方药剂称为复合型种衣剂，它的用途更加广泛，也更加容易被大众接受，当然，它也有缺点，如针对性差、有效成分间易发生拮抗而降低药效等。

三、种子包衣方法

(一) 种子包衣方法

常见的种子包衣方法有丸化种子、包衣种子和包膜种子三类。

1. 丸化种子

丸化种子是利用黏着剂、杀菌剂、杀虫剂、染料、填充剂等非种子物质黏着在种子外面，做成在大小和形状上没有差异的球形单粒种子单位的包衣方法。这种包衣方法主要用在小粒种子上，如甜玉米种子，以利于精量播种。由于在包衣时加入了填充剂等惰性材料，所以种子的体积和重量都有所增加，千粒重也随之增加。

2. 包衣种子

包衣种子是利用黏着剂将微量元素、杀菌剂和杀虫剂等物质黏附在种子外表面以改善种子的出苗特性，但不明显改变种子形状的包衣方法。玉米种子属于大粒种子，普遍采用这种包衣方法。

3. 包膜种子

包膜种子是利用成膜剂，将杀菌剂、杀虫剂、微肥、染料等非种子物质包裹在种子表面，形成一层薄膜的包衣方法。经包膜后，基本上种子的形状不变，但其大小和重量却发生了变化，成膜包衣可减少药剂的损失，提高有效成分的功效，但成本相对高。

（二）种子包衣方式

1. 机械包衣法

种子公司或大的生产单位用包衣机包衣。包衣前，要根据包衣机械以及种衣剂的有关说明和药种比例进行调配。包衣过程中，要经常观察计量装置工作情况，如有变化则要重调。

2. 人工包衣法

农户及量小的生产单位可采用人工包衣法。人工包衣可选择：①塑料袋包衣法，即把备用的两个大小相同的塑料袋套在一起，取一定数量的种子和相应数量的种衣剂装在里层的塑料袋内，扎好袋口，然后用双手快速揉搓，直到拌匀为止，倒出即可备用。②大瓶或小铁桶包衣法，即准备有盖的大玻璃瓶或小铁桶，如可装 2 000 克的大瓶或小铁桶，应装入 1 000 克种子和相应量的种衣剂，立即快速摇动，拌匀为止，倒出即可备用。③圆底大锅包衣法，即先将大锅固定，清洗晒干，然后称取一定数量种子倒入锅内，再把相应数量的种衣剂倒在种子上，用铁铲或木棒快速翻动拌匀，使种衣剂在种子表面均匀迅速地固化成膜后取出。

第六节　鲜食玉米种子贮藏技术

种子贮藏是种子收获后至下一季播种前必须要经历的一个过程。在贮藏期间，要保证种子通过一系列保质措施而使得其高纯度、高净度、高发芽率、低水分等特性不发生变化，安全度过贮藏期。其中，纯度和净度可以人为控制，而种子的生活力则涉及多方面因素，因此防止种子生活力降低是贮藏过程的核心问题。

一、种子贮藏生理

(一) 种子生理活动

种子是有生命的活体，它与非生命体最主要的区别在于呼吸。贮藏期间虽然不能直观地看出种子明显的生理变化，但它仍在不停地进行呼吸，呼吸作用会消耗种子中积累和贮藏的有机物，这些物质对后续种子萌发、形成健壮幼苗具有重要作用。因此，贮藏期间需要采取有效措施，创造有利的环境条件，把种子呼吸作用控制在最低水平，以最少的有机物消耗为代价来维持呼吸和种子生命力。在玉米种子中，种胚的呼吸作用最强，其次是糊粉层，胚乳的呼吸作用很弱，因此玉米种子呼吸控制的关键是控制种胚的呼吸强度。

种子呼吸作用的强度取决于种子本身的状态（如种子的干湿度和成熟度）和贮藏条件。当种子含水量低，并处于通风的条件下，种子能够得到足够的氧气用于呼吸，其呼吸基质（葡萄糖）被彻底分解，形成二氧化碳、水和大量热能。这种呼吸方式称之为有氧呼吸，其反应式为：

$$C_6H_{12}O_6+6O_2\rightarrow 6CO_2+6H_2O$$

在密闭贮藏的条件下，特别是种子含水量较高时，种子的呼吸作用处于缺氧状态，呼吸基质不能被彻底分解，从而形成中间产物（或乳酸、醋酸）、二氧化碳和少量热能。这种呼吸方式称之为无氧呼吸，其反应式为：

$$C_6H_{12}O_6\rightarrow 2C_2H_5OH+2CO_2$$

种子在低温条件下的呼吸作用极其微弱，随着温度升高，呼吸强度不断增强。在种子含水量增加的情况下，呼吸作用随温度升高而变强的现象更为明显，因此在有条件的情况下，应尽量在低温条件下长期贮藏种子。

(二) 种子的呼吸与贮藏

呼吸作用是造成种子贮藏不稳定的重要根源，它不仅造成养分的消耗，还会导致发热霉变，从而影响种子的生活力和质量。

1. 呼吸与物质消耗

呼吸是一种氧化过程，需要消耗贮藏的养分，一般先消耗碳水化合物，然后才将脂肪和蛋白质降解为呼吸基质。呼吸作用越强，消耗的干物质越多，种子活力下降越快。新收获的种子，特别是含水量高的种子，呼吸作用造成的干物质消耗更快；而充分干燥的种子则呼吸消耗微弱、干重降低量较少，甚至在贮藏几年后，依然能保持很高的生活力，因此收获后，种子应尽快脱水，充分干燥后达到国家标准再入库贮藏。

2. 呼吸与热反应

呼吸作用在消耗营养的同时也产生一定的热能，其中大部分能量转移给三磷酸腺苷（ATP），贮藏于高能磷酸键上，这部分能量是维持种子生活所需要的有效呼吸；而另一部分热能则被释放到种子堆的空隙中。在种子干燥呼吸作用微弱且贮藏条件良好的情况下，呼吸释放到种子堆中的热量对种子贮藏的安全性无明显影响，但是，如果种子水分含量高，又处在高温高湿的条件下，种子所释放的呼吸热有可能造成种子堆发热，给种子贮藏造成严重后果。

3. 呼吸与水分

种子在有氧呼吸时，根据其反应式，每消耗1克葡萄糖能产生0.6克水。这些水首先以游离状态出现在细胞内，造成种子含水量增加，之后又通过汽化作用扩散到种子堆中，导致种子返潮而发生"出汗"现象，给贮藏造成巨大威胁。

4. 呼吸与二氧化碳

在密闭贮藏条件下，由于呼吸作用不断地消耗氧，释放出二氧化碳，缺氧和高二氧化碳浓度又反过来抑制呼吸作用，使水分和热量的产生降到最低水平，因而起到延缓种子衰老的作用。但如果种子含水量较高，呼吸作用旺盛，造成氧气消耗过快，在密闭条件下一旦氧气完全被二氧化碳取代，则种子会被动转入无氧呼吸，而无氧呼吸不但对基质的消耗要大于有氧呼吸，而且会产生对种子有害的酒精。如果长时间进行无氧呼吸，酒精积累过多，会造成种子中毒甚至死亡。

二、种子贮藏方法

（一）常规贮藏设施

1. 常规贮藏仓库的选址

种子库应建在地势较高、干燥、宽敞通风、没有水害的地段，最好还要远离居民点。一般选在靠近公路、铁路或水运码头等交通方便之处,以便降低运输费用。

2. 常规贮藏库的性能要求

第一,种子库构建需要考虑通风和密闭的问题。第二,要能防虫、防鼠、防雀和防火。第三,地坪和墙要做好隔潮防水层。第四,地面和四壁要有足够的承压力,能保证库房安全牢固,并满足种子加工机械化和种子进出机械化操作的要求。第五,库外要有晒场、检验室、种子加工车间及电力控制室等附属设施。

3. 常规贮藏的仓房类型

可分为标准房仓和机械化筒仓两种。

(二) 低温贮藏设施

低温贮藏是在不发生低温冻害的前提下,通过降低温度来减缓仓虫、微生物及种子本身的生命活动,达到长期贮藏的目的。安全贮藏的温度要求和种子水分含量是相互制约的,在种子含水量低时,可以放宽对温度的要求。但是干燥种子消耗的动力远远高于降低温度所需的动力。因此,采取低温贮藏可能比干燥贮藏更加经济,所以低温贮藏不仅用于干燥种子的中、长期贮藏,也用于较高水分种子的短期贮藏。

1. 低温库种类

低温贮藏库分为三类。长期库的温度范围在 $-20 \sim -10$℃,相对湿度低于 50%,种子含水量低于 6%,这种条件下贮藏种子寿命可达 30~50 年。央视《种子 种子》栏目中介绍在恒温恒湿种质库中贮藏 35 年的玉米种子发芽率仍高于常温条件下保存 2 年的种子。中期库温度范围在 0~10℃,相对湿度低于 60%,种子含水量在 6%~9%,种子的贮藏寿命可达 10~30 年。短期库温度范围在 15~20℃,相对湿度低于 65%,种子含水量低于 12%,种子的贮藏寿命一般为 2~5 年。

2. 低温贮藏方法

低温贮藏库的选址与常规贮藏库的选址原则相同,但要求稍低,因为低温贮藏的种子量一般少于常规贮藏。低温贮藏的方法可分为自然低温贮藏和机械制冷低温贮藏。自然低温贮藏既经济又简便,对于大规模种子生产的企业来说,具有很高的实用价值。机械制冷低温贮藏,需要建设良好的低温库,而且要有制冷和去湿专用设备,成本较高。

(三) 其他贮藏设施

1. 地下或山洞贮藏

地下库或山洞贮藏的突出特点是温度低而且恒定,在西南山区较多采用此法贮藏少量玉米种子。但东南丘陵地区因湿度大,故这种方式不太适用。

2. 气调与化学贮藏

气调贮藏是指控制种子库的气体组成,用 N_2 或 CO_2 等气体,抑制仓虫、微生物和种子本身的生命活动,达到安全贮藏的一种措施。化学贮藏是利用化学药剂抑制种子及微生物的生命活动,消灭仓储害虫,达到安全贮藏的目的。

三、种子贮藏管理

(一) 玉米种子堆发热的预防与解决办法

为降低种子水分的扩散和贮藏期间的呼吸强度,在贮藏期间要千方百计保持种子的干燥和低温。如果种子水分含量或温度较高,应及时采取通风或干燥措施进行降水和降温。

(二) 玉米种子贮藏期间的检测

种温是一个既容易检测又能灵敏反映种子贮藏状态的指标。种温检测需要定期、定时、定点进行;种子含水量是影响种子贮藏安全的主要因素之一,贮藏期间也可对这个指标进行检测;种子发芽率是关键,作为农业生产资料,种子必须具备发芽和出苗能力,才有自身贮藏的意义,因此对发芽率的检测是所有指标中最重要的。

(三) 贮藏期间虫害处理

贮藏期间一旦出现虫害,可通过高温杀虫、低温灭虫、缺氧杀虫、干燥杀虫等物理防治方法和磷化铝熏蒸等化学防治方法来进行处理。具体方法可根据实际情况选择。

第七节 转基因品种

从世界上最早的转基因作物(烟草)于 1983 年诞生,到美国孟山都公司研制的延熟保鲜转基因西红柿1994年在美国批准上市,及我国水稻研究所研制的转基因杂交水稻1999年通过专家鉴定,转基因食品的研发迅猛发展,产品品种及产量也成倍增长,有关转基因食品的问题日渐凸显。

一、转基因品种定义

转基因品种是指通过应用转基因技术,将有特殊经济价值的基因导入植物体内,从而获得高产、优质、抗病虫害的转基因农作物新品种。根据《中华人民共和国种子法》第七条规定,转基因植物品种的选育、试验、审定和推广应当进行安全性评价,并采取严格的安全控制措施。

二、转基因的安全性

转基因生物在推广应用前都要经过严格的毒性、致敏性、致畸性、营养成分分析等食用和饲用安全评价;还要经过遗传稳定性、生存竞争能力、基因漂移风险和生物多样性影响等环境安全评价。在国际上,普遍认为通过安全评价、获得安全证书的转基因生物及其产品是安全的。国际组织、发达国家和我国也已经开展了大量的科学研究,均认为上市的转基因产品是安全的,与传统食品一样。据全球大规模商业化种植转基因作物20年的实践经验表明,转基因作物的安全风险是可控的。

世界卫生组织(WHO)认为:"目前尚未显示转基因食品批准国的广大民众在食用转基因食品后对人体健康产生了任何影响。"经济合作与发展组织(OECD)、世界卫生组织(WHO)、联合国粮农组织(FAO)召开专家研讨会,也认同"目前上市的所有转基因食品是安全的"这个结论,我国颁发生产应用安全证书的转基因玉米有抗虫普通玉米'双抗12-5'和抗虫耐除草剂普通玉米'DBN9936',但在鲜食玉米上未颁发转基因玉米安全证书。

三、转基因玉米发展及种植现状

(一)转基因玉米发展

2004年和2005年,中国已经批准进口转基因玉米。2009年,在国务院常务会议上审议并原则通过了转基因生物新品种培育科技重大专项。2010年,中粮集团首次大规模进口约6万吨的转基因玉米,舆论一片哗然。2010

年 1 月，根据农业部生物安全网公布的审核信息，此次获准的转基因水稻、玉米分别是华中农业大学申报的转抗虫基因水稻'华恢 1 号''Bt 汕优 63'和中国农业科学院申报的转植酸酶基因玉米'BVLA430101'，安全证书的有限期均为 2009 年 8 月 17 日至 2014 年 8 月 17 日，两个产品分别限在湖北省和山东省生产应用。2013 年 12 月，中国允许进口的转基因玉米有 12 种，转基因玉米的用途不再限于饲料加工，国内进口商申报的用途也包括工业和储备粮等。2015 年 1 月 7 日，华中农业大学研发的两种转基因抗虫水稻与中国农业科学院生物技术研究所的一种转基因玉米，再次获得我国农业转基因生物安全证书。

2018 年，世界种植转基因玉米 5 890 万公顷，比 1996 年的 30 万公顷增加了 5 860 万公顷，增加了 195 倍。转基因玉米种植主要集中在 16 个国家，分布在美洲、非洲、欧洲和亚洲。种植面积前 5 位的国家分别为美国（3 317 万公顷）、巴西（1 538 万公顷）、阿根廷（550 万公顷）、南非（216 万公顷）和加拿大（160 万公顷）。

（二）国内国外转基因研究情况

转基因玉米是世界上种植面积仅次于大豆的第二大转基因作物。2015 年，全球转基因玉米种植面积达到 5 390 万公顷，占转基因作物种植面积的 30%。自 1996 年转基因玉米首次在美国商业化种植以来，其种植面积增长迅速。

从产品性状来看，转基因玉米包含抗除草剂玉米、抗虫玉米及复合性状的双抗转基因玉米。截至 2014 年，全球转基因玉米种植面积为 5 430 万公顷，占玉米总种植面积的 30%，其中，耐除草剂转基因玉米种植面积在 1 630 万公顷左右。ISAAA 2015 年度转基因报告显示，全球共有 28 个国家批准了 29 种转基因作物的商业化种植，其中种植转基因玉米的国家上升到 17 个。美国是世界上最大的转基因玉米种植国，2016 年转基因玉米种植面积达到 3 505 万公顷，占美国玉米总播种面积的 92%。2003 年，菲律宾引入了转基因抗虫玉米，成为亚洲第一个批准种植转基因主粮的国家；2014 年，转基因玉米种植面积达 83.1 万公顷，目前，转基因玉米在玉米中的占有率已超过 25%。

我国目前并未展开转基因玉米的商业化种植，只是选择部分进口转基因玉米品种加工饲料。截至 2014 年 12 月 31 日，有效期内中国批准进口的转基因作物产品共涉及 33 个转基因品种或品种组合，其中转基因玉米品种为 14 个，包括 10 个抗虫类、2 个抗除草剂类、2 个复合性状类品种。值得指出的是，我国虽未实施转基因玉米产业化，但国内学者围绕转基因作物要不要产业化的问题，分别从伦理、经济、法律、安全性等方面进行了评价性研究，并开始细致地探讨转基因农作物产业化进程中存在的问题以及政策定位和路径选择。

四、鲜食玉米的转基因检测

转基因玉米品种是指用转基因技术将外源基因导入培育的玉米品种中。鲜食玉米都不是通过转基因手段培育的玉米品种，而是利用玉米本身的基因变异，主要是胚乳突变基因，也叫胚乳突变体，以此来培育的玉米品种。

我国市场上通过审定的玉米品种都经过转基因检测，只有证明是非转基因种子，才能开展后续多点鉴定试验、区试试验等，而且一旦发现是转基因种子或者带有转基因成分，都将及时终止试验，更不可能通过审定，所以市场上正规的、流通的、已审定的鲜食玉米品种都是非转基因品种。

玉米种质资源中粒色类型多种多样，籽粒颜色属于质量性状，它由果皮、胚乳和胚的颜色共同决定。鲜食玉米有黄色、白色、红色、紫色、黑色等丰富的籽粒颜色种质资源，育种家目前主要用常规育种与分子生物学相结合的方法来选育不同颜色的新品种。黑玉米本身的"黑色"是由于其籽粒糊粉层有不同程度的沉淀花青素，所以外观乌黑发亮，这是其自身基因突变的结果，并非转基因品种。玉米的颜色仅存在糊粉层，黑玉米因为含有更多的花青素，又由于花青素是水溶性的，所以煮黑玉米的时候，水会变成黑色，食用过程中手和牙齿也会变黑，对于商贩而言，将普通玉米染成黑色，利润不高，意义也不大。水果玉米是适合生吃的一种超甜玉米，青棒阶段皮薄、汁多、质脆而甜，可直接生吃，薄薄的表皮一咬就破，清香的汁液溢满齿颊，生吃熟吃都特别甜、特别脆，像水果一样，因此被称为"水果玉米"。水果玉米有很多品种，都具有非常高的营养价值，它也不是转基因品种。

第三章　鲜食玉米主要栽培技术模式

鲜食玉米主要栽培技术以介绍甜玉米和糯玉米栽培为主，总体而言，我国甜玉米的研究和产业开发较晚，但是早在20世纪60年代，北京农业大学就已经开展甜玉米育种研究，1968年北京农业大学曾经育成我国第一个甜玉米品种并加工出我国第一个甜玉米罐头。20世纪70年代中国农业科学院、上海市农业科学院先后开展甜玉米育种研究并有少量产品生产和出口。20世纪80年代以来，随着我国经济的发展和人们生活水平的提高，全国性的甜玉米育种研究开始并发展迅速。除了育种研究以外，甜玉米高产栽培、绿色食品生产和甜玉米加工等配套技术研究也在广泛开展。在生产方面，由于饮食习惯和经济发达程度之间的差异，逐渐形成了南甜北糯的局面，其中超甜玉米主要在两广地区。

我国作为糯质玉米的故乡，资源极其丰富，从南到北、从东到西都分布着各种不同的生态类型，在我国浙江、江苏、上海一带种植较多。但是，目前糯玉米及其产品的开发仍然不够，其利用还停滞在鲜食等低层次消费上，对更深层级开发利用仍需进一步研究。

第一节　主要种植形式

根据当地的自然条件和种植目的，可采取多种种植形式，鲜食玉米的种植形式主要有清种、间作、套作、复种等。

一、清种

清种是最普通的栽培方式，一般为等行距种植，特点是个体分布均匀，营养面积较大，缺点是通风透光性较差，不便于采收，在南方多雨水地区不适宜种植，易积水、病虫害发生严重，影响产量和品质。南方多雨水地区多为起畦后在畦面播种，沟内用于排水、灌水等。

二、间作

间作是指在同一块地里成行或带状（若干行）间隔种植两种或两种以上作物。鲜食玉米一般与矮棵菜类进行间作。特点是可提高土地的利用效率和光气热资源。如果在北方种植，间作还可以同普通玉米一样进行比空栽培，即播种若干行鲜食玉米空一行。间作和比空栽培较清种有几个优点，如可形成良好的群体结构，做到稀中有密、密中有稀，既能满足对肥水的需求，又使植株下部得到光照和改善了通风，为地上部分提供了良好的空间条件，也可方便田间日常作业。如果在南方种植，因田间排涝降渍，田块会设置"畦面沟""腰沟""围沟"，故比空栽培无实际意义。

三、套作

套作是指两种生长季节不同的作物，在前茬作物收获之前，播种后茬作物，在田间两种作物既有构成复合群体共同生长的时期，又有某一作物单独生长的时期。套作可以更充分发挥土地的利用效率，形成一地两收或三收。鲜食玉米可与不同熟期的作物套作，如晚熟鲜食玉米与早熟豌豆、甘蓝、菠菜、马铃薯等套作，早熟鲜食玉米与晚熟芸豆、黄瓜等套作。

四、复种

早熟鲜食玉米可以与多种作物复种，最常见的复种模式是：早熟鲜食玉米—白菜萝卜等、早熟鲜食玉米—下茬鲜食玉米、早熟鲜食玉米—晚茬黄瓜、早熟鲜食玉米—晚茬菜豆；早甜瓜—鲜食玉米、早西瓜—鲜食玉米、早茬蔬菜—鲜食玉米、鲜食玉米—甘薯、鲜食玉米—紫云英、油菜—鲜食玉米等，复种可充分利用土地，经济效益相对较高。

五、周边种

也称周边种植，是指在花生、豆类、薯类及瓜菜等矮棵作物的地边四周，甚至包括池塘、路旁、宅基地前后等向阳空闲地段种植鲜食玉米。这是一种见缝插针、充分利用土地资源、额外增产增收的玉米栽培模式。有利于发挥玉米边行增产优势，能充分利用零星土地资源，提高土地利用率，不存在与其他作物争地的矛盾，基本上不影响或很少影响其共生的矮棵作物的产量，但必须精心做好人工授粉。这种模式在南方地区较为常见。

第二节　主要栽培方式

露地栽培种植成本低、省工省时，但效益相对也较低，适合大面积栽培和罐头原料生产。鲜食玉米除了早熟措施以外，其他栽培技术基本与普通玉米相似，在浙江，为了提早上市，提高甜玉米的经济效益，种植大户选择在春节前后通过大棚内电加温的方式育苗，移栽于大棚内，5月15日左右即可上市，露地播种的鲜食玉米可在3月20日左右育苗或4月初直播。

一、地膜覆盖栽培

地膜覆盖栽培是最基本的保护地栽培方式。一般要求在秋季做垄，以便保证土壤墒情，待春天解冻时开始覆膜作业。地膜覆盖可比露地栽培提早收获10天以上，产量提高20%以上，经济效益提高1倍左右。地膜覆盖栽培技术相对比较简单，省工省时，适合大面积栽培。地膜覆盖栽培主要应注意覆膜、除草、破膜三个技术环节；覆膜时要做到垄台平整，地膜紧贴地面，压膜严实，否则膜内有过大空隙时遇大风容易鼓开；甜玉米对除草剂反应比较敏感，使用时要注意用量和除草剂品种，避免剂量过大引起药害，尽量做到喷雾均匀；当幼苗长到4~5片叶时选择阴天或无大风天气的下午或晚上破膜引苗。目前有机械化覆膜装备，使用降解地膜进行覆盖，苗移栽于地膜上。鲜食玉米种子发芽势弱，尤其是甜玉米，其种子相比水稻而言，破膜很难，因此多采用移栽方式。

二、小拱棚栽培

小拱棚栽培实际上等于在田间垄作条件下建造微型塑料棚。一般做法是：在播种后以畦面宽为一棚，利用架条搭建拱架，以地膜为棚膜进行搭建。当气温达到25℃左右时开始逐渐放风炼苗，待玉米苗达到拱棚高度时将棚膜落至地面。小拱棚也可以采用双拱方式,即在地膜基础上再加盖拱棚。小拱棚栽培在早春能作业时就开始搭棚,当膜内地温稳定在10℃以上时就可播种。也可以播种时做棚。为了减少作业,要选择发育正常、健壮的种子,一般每穴播种1粒即可。如种子发芽率低,可每穴播种2粒,待生长至少二叶一心左右间苗,保证每穴1棵。

三、育苗移栽

分露地移栽和地膜移栽。露地移栽是事先在温室或大棚中育苗,晚霜过后再移栽到田间。这种栽培方式可以比一般大田种植方式提早10天以上;而地膜移栽是先育苗和覆膜,当玉米苗长到3~5片叶,膜下地温也已升高,天气变暖,晚霜过后再将小苗移栽到膜上。该法比地膜栽培还要提前一周左右,在鸟或老鼠较多的山上,为保证出苗量,减少补苗环节,建议使用此方法。

四、塑料大棚栽培

塑料大棚分暖棚和冷棚两种。适宜高度和宽度的棚架在冬季前建成。待棚内最低温度达到10℃以上时就可以播种。温度升高到30℃以上时开始适当放风,在棚外最低气温达到20℃以上时将棚膜去掉。该种植方式的收获期比小拱棚栽培要早得多。暖棚即通常的蔬菜大棚,由于温度常年保持在0℃以上,可以更早播种。

第三节 肥水管理

我国南方地区主要包括南方丘陵地区和西南山地丘陵地区。南方丘陵地区主要包括广东、海南、福建、浙江、江西、上海、台湾,以及江苏、安徽的南部,广西、湖南、湖北的东部,是我国甜、糯玉米种植的主要区域;西南山地丘陵地区包括四川、云南、贵州、重庆、陕西南部,广西、湖南、湖北的西部丘陵地区和甘肃东南部一小部分高原,甜、糯玉米一年四季均有种植。

一、玉米生产中常用的肥料

玉米生产常用的肥料主要包括有机肥料、微生物肥料、化学肥料,以及在此基础上研制生产的新型肥料,如缓控释肥料、水溶性肥料等。

(一) 有机肥料

有机肥料是指利用各种有机废弃物料,加工积制而成的含有有机物质的肥料总称。

1. 粪尿肥

粪尿肥包括人粪尿、家畜粪尿及厩肥等,是重要的有机肥料,其共同特点是来源广泛、易流失、氮易挥发损失,含有较多的病原菌和寄生虫卵,若施用不当,容易传播病虫害。因此,合理施用粪尿肥的关键是科学贮存和进行适当的卫生处理。

2. 堆沤肥和沼气肥

堆肥和沤肥是我国重要的有机肥料,是利用秸秆、杂草、绿肥、泥炭、垃圾和人畜粪尿等废弃物为原料混合后,按一定方式进行堆制或沤制的肥料。一般北方地区以堆肥为主,堆积过程主要是需氧微生物分解,发酵温度较高;南方地区一般以沤肥为主,沤制过程主要是厌氧微生物分解,常温下发酵。

3. 农作物秸秆肥料

农作物秸秆肥料利用技术包括直接还田、间接还田、腐熟还田、快速沤肥和堆肥等技术。秸秆用作肥料的基本方法是将秸秆粉碎埋于农田中进行自然发酵,或者将秸秆发酵后施用于农田中。秸秆耕翻入土后在微生物的作用下发生分解,在分解的过程中会释放养分,使土壤有机质含量增加,微生物活动增强,生物固氮增加,碱性降低,也可促进酸碱平衡,土壤结构得到明显改善。但秸秆有机肥也有安全隐患,如有害生物的影响,产生土壤养分障碍、植物生长受抑制等。

4. 绿肥

利用植物生长过程中产生的全部或部分绿色体,直接或间接翻压到土壤中作为肥料,称为绿肥,长期以来,我国广大农民把栽培绿肥作为重要的有机肥源。

5. 腐殖酸肥料

腐殖酸肥料主要有腐殖酸铵、硝基腐殖酸铵、腐殖酸磷、腐殖酸铵磷、腐殖酸钠、腐殖酸钾等。

6. 杂肥类有机肥料

其他有机肥料也称为杂肥，包括泥炭、菜饼、菌渣、城市有机废弃物等。

7. 商品有机肥料

生产商品有机肥料的主要物料包括畜禽粪便、城市垃圾、糠壳饼麸、作物秸秆，以及发酵厂、造纸厂等一些企业废弃物料。

（二）微生物肥料

微生物肥料是指含有活微生物的一类特定制品，应用于农业生产中，能够获得特定的肥料效应，在这种效应产生过程中，微生物起到关键作用。目前主要有微生物菌剂（如根瘤菌、固氮菌、磷细菌、钾细菌、抗生菌及其他有益菌类）肥料、复合微生物肥料、生物有机肥、有机物料腐熟剂等。

1. 根瘤菌肥料

根瘤菌能够和豆科作物共生、结瘤、固氮，用人工选育出来的高效根瘤菌株，经大量繁殖后，用载体吸附制成的生物菌剂被称为根瘤菌肥料。

2. 固氮菌肥料

固氮菌肥料是指含有大量需氧自生固氮菌的生物制品，其具有自生固氮作用的微生物种类很多，在生产上得到广泛应用的是固氮菌科的固氮菌属，以圆褐固氮菌应用较多。

3. 磷细菌肥料

磷细菌肥料是指含有强烈分解有机磷或无机磷化合物的磷细菌的生物制品。

4. 钾细菌肥料

钾细菌肥料又名硅酸盐细菌肥料、生物钾肥，它是指含有能对土壤中云母、长石等含钾的铝硅酸盐及磷灰石进行分解，释放出钾、磷与其他灰分元素，改善作物营养条件的钾细菌的生物制品。

5. 抗生菌肥料

抗生菌肥料是指利用能分泌抗菌物质和刺激素的微生物制成的微生物肥料。常用的菌种是放线菌，我国常用的是5406（细黄链霉菌）。

6. 复合微生物肥料

复合微生物肥料是指两种或两种以上的有益微生物或一种有益微生物与营养物质复配而成，能提供、保持和改善作物的营养，提高农产品产量或改善农产品品质的活体微生物制品，一般有两种：一种是菌与菌复合微生物肥料；另一种是菌与各种营养元素或添加物、增效剂的复合微生物肥料。

7. 有机物料腐熟剂

有机物料腐熟剂是指能够加速各种有机物料分解、腐熟的微生物活体制剂，如腐秆灵、酵素菌等。按剂型可分为粉状、颗粒状、液体状等。其特点为：能快速促进堆料升温，缩短物料的腐熟时间；有效杀灭病菌和虫卵、杂草种子，除水、脱臭；腐熟过程中释放部分速效养分，产生大量的氨基酸、有机酸、维生素、多糖、酚类、植物激素等多种促进植物生长的物质。

8. 生物有机肥

生物有机肥是指有特定功能的微生物与经过无害化处理、腐熟的有机物料复合而成的一种肥料，兼有微生物肥料和有机肥料的效应。生物有机肥按功能微生物的不同可分为固氮生物有机肥、解磷生物有机肥、解钾生物有机肥、复合生物有机肥等。

(三) 化学肥料

化学肥料也称无机肥料，简称化肥，是用化学和（或）物理方法人工制成的含有一种或几种农作物生长需要的营养元素的肥料。化肥主要有氮肥、磷肥、钾肥、中量元素肥料、微量元素肥料、复混肥料等。

1. 氮肥

常见的氮肥品种主要有尿素、碳酸氢铵、硫酸铵、氯化铵、硝酸铵等。

2. 磷肥

常见磷肥主要有过磷酸钙、重过磷酸钙、钙镁磷肥等。

3. 钾肥

常见钾肥主要有氯化钾、硫酸钾等。

4. 中量元素肥料

在作物生长过程中，需要量仅次于氮、磷、钾，但比微量元素肥料需要量大的营养元素肥料称为中量元素肥料，主要是含钙、镁、硫等元素的肥料。包括含钙肥料、含镁肥料、含硫肥料。

5. 微量元素肥料

对于作物而言，含量为 0.2~200 毫克/千克（按干物重计）的必需营养元素成为微量营养元素，主要有锌、硼、锰、钼、铜、铁、氯 7 种，由于氯在自然界中比较丰富，缺氯症状几乎不存在，因此一般在肥料中不需要补充。包括硼肥、锌肥、铁肥、锰肥、铜肥、钼肥等。

6. 复混肥料

复混肥料是氮、磷、钾 3 种养分中，至少有 2 种养分标明量的由化学方法和（或）掺混方法制成的肥料，复合肥料是复混肥料的一种。包括磷酸一铵、磷酸二铵、磷酸铵和聚磷酸铵等磷酸铵系列；硝酸磷肥、硝酸钾、磷酸二氢钾、磷铵系复合肥料、三元复合肥等。

（四）水溶性肥料

水溶性肥料是一种可完全、迅速溶解于水的单质化学肥料、多元复合肥料、功能性有机水溶性肥料，具有被作物吸收，可用于灌溉施肥、叶面施肥、无土栽培、浸种、根灌等特点。

1. 营养型水溶性肥料

营养型水溶性肥料包括微量元素水溶肥料、大量元素水溶肥料、中量元素水溶肥料等。

2. 功能型水溶性肥料

功能型水溶性肥料包括含氨基酸水溶性肥料、含腐殖酸水溶性肥料、有机水溶性肥料等。

（五）新型肥料

新型肥料有别于传统的、常规的肥料，表现在功能拓展或功效提高、肥料形态更新、新型材料的应用、肥料运用方式的转变或更新等方面，能够直接或间接地为作物提供必需的营养成分；调节土壤酸碱度、改良土壤的理化性质；调节或改善作物的生长机制；提高肥料的利用率。目前新型肥料归纳为缓控释肥料、稳定性肥料、水溶性肥料、功能性肥料、商品化有机肥料、微生物肥料、增效肥料和有机无机复混肥料 8 个类型。

1. 缓控释肥料

缓控释肥料是指具有延缓养分释放性能的一类肥料的总称，包括聚合物包膜肥料、硫包衣肥料、包裹型肥料等。主要是通过某种技术手段将肥料养分速效性与缓效性相结合，具有较高养分利用率的肥料。

2. 增效肥料

增效肥料是指在传统肥料生产过程中添加一定的增效原材料的新型肥料，以提高肥料肥效为目的的一种新型肥料。

3. 功能性肥料

功能性肥料是指除了肥料具有植物营养和培肥土壤功能以外的特殊功能的肥料。只有符合以下 4 个要素，才能把它称为功能性肥料：①本身是能直接提供作物生长所必需的营养元素或培肥土壤；②必须具有一个特定的对象；③不能含有法律、法规不允许添加的物质成分；④不能以加强或改善肥效为主要功能。

二、鲜食玉米科学施肥原则

甜、糯玉米对氮、磷、钾的吸收总量随产量水平的提高而增多。在多数情况下，甜、糯玉米一生吸收的主要养分以氮最多、钾次之、磷最少。一般正常情况下，每亩甜、糯玉米可施有机肥料 2 000~3 000 千克、尿素 20~30 千克、过磷酸钙 40~50 千克或磷酸二铵 10~15 千克、氯化钾 10~15 千克、硫酸锌 1 千克。若选用复合肥，也可据此计算。

（一）甜、糯玉米的施肥原则

南方地区雨水多，土质瘠薄，保水保肥能力差，在施肥上应注意分次追氮。

1. 施肥要早

与普通玉米相比，甜、糯玉米生育期短，前期生长发育快，因此要侧重施基肥和种肥，提早追肥。甜、糯玉米苗期长势不及普通玉米，整个生育期宜促不易控。此外，施用有机肥料和适当增施磷、钾肥，有助于改善甜、糯玉米的品质。

2. 养分平衡

甜、糯玉米施肥，一是以有机肥料为主，化肥为辅；二是氮、磷、钾肥施用平衡，先按目标产量定氮肥施用量，再按比例配磷、钾肥；三是微量元素平衡，采取缺什么补什么的原则。

无公害农产品生产要求按《肥料合理使用准则通则》（NY/T 496—2010）执行，应以有机肥料为主，并结合施用化肥；不能施用工业废弃物、城市垃圾及污泥；不能施用未经发酵腐熟、未达无公害化处理和重金属超标的有机肥料。

3. 分期追肥

甜、糯玉米因生育期短，需肥时间集中，氮肥分配一般采用底肥20%～30%、拔节肥30%～40%、穗肥30%～40%、壮粒肥0～5%。在施用基肥的基础上，追肥宜于拔节期和大喇叭口期进行。由于鲜穗采收，一般少施或不施壮粒肥。若土壤肥力较差，或者没有施基肥、种肥，可采用"前重中轻"的分配方式，即拔节期追肥占总追肥量的60%左右，大喇叭口期占40%左右；若土壤较肥沃或已施基肥、种肥，可采用"前轻中重"，即拔节期追肥占总追肥量的40%左右，大喇叭口期占60%左右。

4. 方法合理

追肥时应注意改表土撒施为沟施或穴施；施肥与自然降水或灌溉结合，提高肥效。氮肥分次追施，收获前25天左右停止施氮肥。

（二）甜、糯玉米科学施肥的方法

1. 施足底肥

甜、糯玉米的底肥施用量一般占施肥总量的60%～70%。可将全部有机肥料、磷肥、钾肥、锌肥及10千克/亩尿素混合作为底肥一次施入。一般中等肥力地块，每亩可施腐熟有机肥料1 000～2 000千克、三元复合肥（15-15-15）30～40千克、硫酸锌0.5～2千克，或者腐熟优质农家肥1 500～2 000千克、过磷酸钙50千克、三元复合肥（15-15-15）15～20千克，堆沤后施用。

春、夏、秋季的玉米有所不同。夏播玉米不宜多施底肥，因为玉米生长期处于高温时期，肥料分解快，养分容易流失。

底肥的施用方法主要在开沟、起垄，或者起垄挖沟时集中施。底肥若数量不多，应开沟条施；底肥若数量较多，可在耕地前将肥料均匀撒施在地面上，结合耕翻入土。

2. 适量种肥

对于土壤肥力低、底肥用量少或不施底肥的甜、糯玉米，更需要补充种肥，一般每亩用磷酸二铵10～15千克。种肥一般穴施或条施即可。底肥充足的可不施种肥。

3. 轻施苗肥

甜、糯玉米的苗肥一般在直播定苗后（3~5叶期）或移栽后7~10天施用。整地不良、基肥不足、幼苗生长弱的应及早追提苗肥，反之，可不追或少追。施肥方法一般采用沟施或穴施，在距植株10~15厘米处开沟5~10厘米一次施入，覆土盖严。苗肥施用一般不超过总用量的15%，主要用尿素、碳酸氢铵或复合肥，也可泼浇稀薄的粪肥。移栽时若遇干旱，可结合施提苗肥每亩浇施粪水500~1 000千克。

4. 巧施拔节肥、重施穗肥

甜、糯玉米进入穗期阶段，植株生长旺盛，吸收养分数量最多、强度最大，是甜、糯玉米一生中吸收养分的重要时期。氮的吸收有2个高峰：第一次高峰在拔节期至小喇叭口期，若没有施提苗肥，首先应施拔节肥。若定苗后或移栽后10~15天施过提苗肥，应视幼苗长势酌情巧施拔节肥，叶色浅则补施，叶色深则少施或不施。一般可在株间穴施或条施，每亩施三元复合肥（15-15-15）8~10千克、尿素5~7千克，也可追施尿素7~10千克、氯化钾7~10千克，促进甜、糯玉米茎秆的成长。此期追氮量一般占总氮量的20%~30%，施肥时应注意小苗多施，促进全田平衡生长。第二高峰在甜、糯玉米小喇叭口至大喇叭口期，是决定雌穗大小和粒数多少的关键时期，是玉米水肥临界期，需要猛施穗肥，主要追施氮肥，一般占总施氮量的30%~50%，可在株行间距植株10~17厘米处穴施或条施，同时进行中耕培土。

若在地表撒施，一定要结合灌溉或有效降水进行，也可采取微喷灌、滴灌水肥一体化技术，以减少肥料损失。有条件的地方可采用中小型中耕施肥机进行施肥作业。

5. 补施粒肥

甜、糯玉米一般采收鲜穗，不施粒肥。但若穗肥不足，发生脱肥，可适当少施粒肥，具体在授粉结束后视玉米长势、长相决定。若施用粒肥，以速效氮肥为主，施肥量不宜过大，一般每亩可追施尿素3~5千克，穴施植株根旁；或者用磷酸二氢钾200~500克加尿素500克兑水50千克，叶面喷施1~2次。

三、营养诊断与施肥

营养诊断的主要目的是通过营养诊断为科学施肥提供直接依据，即利用营养诊断这一手段进行因土、看苗施肥，及时调整营养物质的数量和比例，改善作物的营养条件，以达到高产、优质、高效的目的。通过判断营养元素的缺乏或过剩而引起的失调症状，以决定是否追肥或采取补救措施；还可通过营养诊断查明土壤中各种养分的贮量和供应能力，为科学施肥提供参考。目前随着数字农业的发展，利用智能化来判断玉米是否缺某种元素，也是未来的一大发展方向。

（一）营养诊断分类

营养诊断施肥法是利用生物、化学或物理等测试技术，分析研究直接或间接影响作物正常生长发育的营养元素丰缺、协调与否，从而确定施肥方案的一种施肥技术手段。就诊断对象而言，可分为土壤诊断和植株诊断两种；从诊断的方法上可以分为形态诊断、化学诊断、施肥诊断等。

1. 形态诊断

是指对作物的症状或长势、长相进行诊断的方法，这对了解植物短时间内的营养状况是一个良好的措施。要快速准确地识别作物缺素症，需要积累大量的经验，为防止诊断失误，最好与测土相结合，相互印证，从而确诊作物"病因"，做到"对症下药"。

2. 施肥诊断

施肥诊断是以施肥方式给予某种或几种元素以探知作物缺乏某种元素的诊断方法，它可以直接观察作物对被怀疑元素的反应，也可用于诊断结果的检验。

3. 化学诊断

化学诊断是借助科学仪器通过了解土壤和植物体内营养元素的含量，来判断作物的营养状况的方法。

（二）玉米缺素症及防治方法

1. 玉米氮素失调症及防治方法

（1）缺氮症。许多作物在缺氮时，自身能把衰老叶片中的蛋白质分解，释放出氮素并运往新生叶片中供其利用。由此，作物缺氮的显著特征是植株下部老叶首先褪绿黄化，然后逐渐往新叶扩展。作物叶片出现淡绿色或黄色表示有可能缺氮。苗期缺氮植株生长受阻而显得矮小、瘦弱，叶片薄而小。玉米植株缺氮时，生长速度会变得缓慢，株型矮小，茎细弱；叶色褪淡，叶片由下而上失绿黄化,症状从叶尖沿中脉间向基部发展,先黄后枯,呈"V"字形;中下部茎秆常有红色或紫红色;果穗变小,缺粒严重,成熟提早,产量和品质下降。

(2) 氮素过剩症。氮素过多会使玉米生长过旺,引起徒长;叶色深浓,叶面积过大,田间相互遮阴严重,碳水化合物消耗过多,茎秆柔弱,纤维素和木质素减少,易倒伏,组织柔嫩,易感病虫害。另外,氮肥使用过多会使作物贪青晚熟,产量和品质下降,影响下茬作物的播种。

(3) 防治方法。

① 缺氮症的防治。培肥地力,提高土壤供氮能力。对于新开垦的、熟化程度低的、有机质贫乏的土壤及质地较轻的土壤,要增加有机肥料的投入,培肥地力,以提高土壤的保氮和供氮能力,防止缺氮症的发生;在大量施用碳氮比高的有机肥料(如秸秆)时,应注意配施速效氮肥;在翻耕整地时,配施一定量的速效氮肥作基肥;对地力不均引起的缺氮症,要及时追施速效氮肥;必要时喷施叶面肥(0.2%的尿素)。

② 氮素过剩症的防治。根据玉米不同生育期的需氮特性和土壤供氮特点,适时、适量地追施氮肥,应严格控制用量,避免追施氮肥过晚;在合理轮作的前提下,以轮作制为基础,确定适宜的施氮量;合理配施磷钾肥,以保持植株体内氮、磷、钾的平衡。

2. 玉米磷素失调症及防治方法

(1) 缺磷症。作物缺磷时,生长缓慢,矮小瘦弱、直立、分枝少,叶小易脱落,色泽一般,呈暗绿色或灰绿色,叶缘及叶柄常出现紫红色,根系发育不良,成熟延迟,产量和品质降低。缺磷一般先从茎基部老叶开始,逐渐向上发展。缺磷的植株,因为碳水化合物代谢受阻,有糖分积累,易形成花青素。玉米缺磷时,生长缓慢,植株矮小,瘦弱;从幼苗开始,在叶尖部分沿叶缘向叶鞘发展,呈深绿带紫红色,逐渐扩大到整个叶片,症状从下部叶转向上部叶,甚至全株紫红色,严重缺磷叶片从叶尖开始枯萎呈褐色,抽丝吐丝延迟,雌穗发育不完全,弯曲畸形,结实不良,果穗弯曲、秃尖。

(2) 磷素过剩症。磷肥施用过量造成作物的叶片肥厚而密集,叶色浓绿,植株矮小,节间过短,出现生长明显受抑制的症状。繁殖器官常因磷肥过量而加速成熟进程,由此造成营养体小、茎叶生长受抑制、产量低。磷素过剩症有时与微量元素缺乏症伴生。

（3）防治方法。

① 合理施用磷肥。

早施、集中施用磷肥。大多数作物在生育前期对缺磷比较敏感，吸收的磷占总需磷量的比例也较大，通常50%的磷是在植株干物质积累达到总生物量的25%以前吸收的，且磷在作物体内的再利用率较高，生育前期吸收积累充足的磷，后期一般就不会发生因缺磷而导致作物减产。所以，磷肥必须早施，同时，由于磷在土壤中的移动性较小，而生育前期作物根系的分布空间有限，不利于对磷的吸收，所以磷肥要适当集中施用，如蘸根、穴施、条施等。

选择适当的磷肥类型。一般以土壤的酸碱性为基本依据，在缺磷的酸性土壤上宜选用钙镁磷肥、钢渣磷肥等含石灰质的磷肥；缺磷十分严重时，生育初期可适当配施过磷酸钙；在中性或石灰性土壤上宜选用过磷酸钙、磷酸一铵、腐殖酸磷肥或复混肥；配施有机肥料和石灰，在酸性土壤上应配以有机肥料和石灰，以减少土壤对磷的固定，促进微生物的活动和磷的转化与释放，提高土壤中磷的有效性。

② 田间管理措施。一是选用耐缺磷的玉米品种；二是对易受低温影响而诱发缺磷的作物，可选用生育期较长的中、晚熟品种，以减轻或预防缺磷症的发生。在土壤上施足磷肥及其他肥料，适时播种，培育壮苗。壮苗抗逆能力强，根系发达，有利于生育前期对磷的吸收。对于有地下水渗出的土壤，要因地制宜开挖拦水沟和引水沟，及时排出冷水，提高土壤温度和磷的有效性，防止缺磷发僵。

3. 玉米钾素失调症及防治方法

（1）缺钾症。玉米缺钾症多发生在生育中后期，表现为植株生长缓慢、矮化，中下部老叶叶尖及叶缘黄化、焦枯；节间缩短，叶片与茎节的长度比例失调，叶片长，茎秆短，二者比例失调而呈现叶片密集堆叠矮缩的异常株型。茎秆细小柔弱，易倒伏，成熟期推迟，果穗发育不良，型小粒少，籽粒不饱满，产量锐减；籽粒淀粉含量低，皮多质劣。严重缺钾时，植株首先在下部老叶上出现失绿并逐渐坏死，叶片暗绿无光泽。叶尖及两缘先黄化，随后黄化向叶内侧脉间扩展，进而叶缘变褐色、干枯，并逐渐坏死。根系短而少，易早衰，严重时腐烂。

(2) 防治方法。

① 合理施用钾肥。我国钾肥资源贫乏,钾肥主要依靠进口,切忌盲目施用钾肥。一般每亩施用 6~10 千克钾肥（以 K_2O 计）。由于钾在土壤中较易淋失,钾肥的施用应做到基肥与追肥相结合。在严重缺钾的土壤上,化学钾肥作基肥的比例应适当大一些,当然还需考虑是否有其他钾源。在作物吸氮高峰期（如玉米在分蘖期、大喇叭口期等）要及时追施钾肥,以防氮钾比例失调而促发缺钾症。在有其他钾源（如秸秆还田、有机肥料、草木灰等）作基肥时,化学钾肥以在生育中后期作追肥为宜。充分利用秸秆、有机肥料和草木灰等钾肥资源,实行秸秆还田,增施有机肥料和草木灰等,促进农业生态系统中钾的再循环和再利用,缓解钾肥供需矛盾,能有效地防止钾营养缺乏症的发生。

② 田间管理措施。目前生产上缺钾症的发生在相当大的程度上是由于氮肥施用过量引起的,在供钾能力较低或缺钾的土壤上确定氮肥用量时,尤其需要考虑土壤的供钾水平,在钾肥施用得不到充分保证时,更要严格控制氮肥的用量。以开沟排水与施用钾肥相结合的方法防治缺钾症的效果更为显著。

4. 玉米钙素失调症及防治方法

(1) 缺钙症。作物缺钙时,生长点首先出现症状,轻则呈现凋萎,重则生长点坏死。幼叶变形,叶尖皱缩,边缘卷曲。叶尖和叶缘黄化或焦枯坏死。玉米植株生长不良,矮小,叶缘有时呈白色锯齿状不规则破裂,茎顶端呈弯钩状,新叶尖端及叶片前端叶缘焦枯,不能正常伸展,老叶尖端也出现棕色焦枯,新根少,根系短,呈黄褐色,缺乏生机。

(2) 防治方法。

① 合理施用钙质肥料。在酸性土壤上,应施用石灰质肥料,既起到调节土壤 pH 值的作用,同时又增加了钙的供给。要控制石灰的用量和施用年限,谨防因石灰施用量过大而形成次生石灰性土壤。在碱土上,应施用石膏,通过改善土壤结构、酸碱度等理化性状,促进根系的生长和对钙营养的吸收。此外,含钙的氮、磷肥料如硝酸钙、过磷酸钙、钙镁磷肥等,也能补充一定数量的钙,但其施用量应以作物对氮、磷营养的需要量而确定。

② 控制水溶性氮、磷、钾肥的用量。在含盐量较高及水分供应不足的土壤上,应严格控制水溶性氮、磷、钾肥料的用量,尤其是每一次的施用量

不能太大，以防止土壤的盐浓度急剧上升，避免因土壤溶液的渗透势过高而抑制作物根系对钙的吸收。

③ 合理灌溉。在易发生干旱区域或气候条件下，要及时灌溉，以利于土壤中钙向作物根系迁移，促进钙的吸收，可防止缺钙症状的发生。

5. 玉米镁素失调症及防治方法

（1）缺镁症。玉米缺镁症一般在拔节以后发生。症状为下位叶前端脉间失绿，并逐渐向叶基部发展，失绿组织黄色加深，下部叶脉间出现淡黄色条纹，后变为白色条纹，残留小绿斑相连成串如念珠状，叶尖及前端叶缘呈现紫红色。严重时脉间组织干枯死亡，呈紫红色花叶斑，而新叶变淡。

（2）防治方法。

① 合理施用镁肥。镁肥种类选择一般以土壤条件和作物种类为依据。酸性土壤上宜选用碳酸镁和氧化镁；中性和碱性土壤上宜选用硫酸镁。镁肥应尽量早施。土施作基肥时，每亩3~4千克（以 MgO 计）为宜，叶面喷施多用1%~2%的硫酸镁，连续喷2~3次，间隔时间为7~10天。

② 控制氮、钾肥用量。氮肥，尤其是铵态氮肥施用，不仅抑制作物对镁的吸收，同时由于稀释效应，易引起缺镁症的发生；过量钾对镁的吸收有明显的拮抗作用。因此，在供镁能力较弱的土壤上，要严格控制氮肥（尤其是铵态氮肥）用量，谨防钾肥施用过量，避免发生缺镁症。

③ 改善土壤环境。缺镁症多发生在有机质贫乏的酸性土壤上。因此，土壤环境改善对防止缺镁的发生有明显的作用。施用石灰，尤其是镁石灰或间接施用白云石粉，既可中和土壤酸度，又能提高土壤的供镁能力。增施有机肥料能够改良土壤理化性状，促进作物根系生长，增加对镁的吸收，防止缺镁症的发生。

6. 玉米硫素失调症及防治方法

（1）缺硫症。作物缺硫时，全株体色变淡，呈淡绿或黄绿色，叶脉和叶肉失绿，叶色浅，幼叶较老叶明显。植株矮小，叶细小，向上卷曲，变硬，易碎，提早脱落。玉米缺硫全株黄绿色，新叶黄于老叶，叶缘显紫色。

（2）防治方法。

① 增施有机肥料，提高土壤的供硫能力。

② 合理选用含硫化肥，如硫酸铵、过磷酸钙、硫酸钾等。

③ 适当施用硫黄及石膏等硫肥。

7. 玉米铁素失调症及防治方法

(1) 缺铁症。植物缺铁总是从幼叶开始,典型的症状是叶脉间和细网状组织中出现失绿症,在叶片上明显可见叶脉深绿而脉间黄化,黄绿相间比较明显。严重缺铁时,叶片上出现坏死斑点,叶片逐渐枯死。铁过量促进磷的固定,降低磷肥肥效。玉米幼叶脉间失绿呈条纹状,中下部叶片为黄色条纹,老叶绿色。严重时整个新叶失绿发白,失绿部分色泽均一,一般不出现坏死斑点。

(2) 防治方法。

① 改良土壤。在碱性土壤上使用硫黄粉或稀硫酸等降低土壤pH值,增加土壤中铁的有效性。石灰性或次生石灰性土壤上增施适量有机肥对防治缺铁症有一定效果。

② 合理施肥。控制磷肥、锌肥、铜肥、锰肥及石灰质肥料的用量,以避免这些营养元素过量对铁吸收的拮抗作用。对于钾不足而引起的缺铁症,可通过增施钾肥来缓解,甚至完全消除。

③ 选用耐性品种。充分利用耐低铁的品种资源,有效地预防缺铁症的发生。

④ 施用铁肥。目前施用的铁肥可分为无机铁肥和螯合铁肥两类。无机铁肥主要有硫酸亚铁和硫酸亚铁铵等,多采用叶面喷施的方法,浓度为 $0.2\% \sim 0.5\%$;螯合铁肥主要有 FeEDTA、FeDTPA、FeEHA(乙二胺邻二羟基乙酸铁)、枸橼酸铁铵、尿素铁等,主要用于叶面喷施,效果较无机铁肥好。另外,叶面喷施铁肥时若能配加适量的尿素可改善防治效果。

8. 玉米锰素失调症及防治方法

(1) 缺锰症。植物缺锰时,通常表现为叶片失绿并出现杂色斑点,而叶脉和叶脉附近仍保持绿色,脉纹较清晰。严重缺锰时,叶面发生黑褐色细小斑点,逐渐增多扩大,散布于整个叶片,并可能坏死穿洞。玉米叶片柔软下披,新叶脉间出现与叶脉平行的黄色条纹。根纤细,长而白。

(2) 锰素过剩症。锰中毒的症状是根系褐变坏死,叶片上出现褐色斑点或有叶缘黄白化,嫩叶上卷。锰过剩还会抑制钼的吸收,诱发缺钼症状的发生。

(3) 防治方法。

① 缺锰症的防治。

增施有机肥。有机肥料含有一定数量的有效锰和有机结合态锰。施入土壤后，前者可直接供给植物吸收利用，后者随有机肥料的分解而释放出来，也可为植物吸收利用。另一方面，有机肥料在土壤中分解产生各种有机酸等还原性中间产物，可明显促进土壤中氧化态锰的还原，提高土壤锰的有效性。

施用锰肥。生产上施用的锰肥主要有硫酸锰、氯化锰、碳酸锰、氧化锰及含锰矿渣等。其施用效果的一般顺序为：硫酸锰>氯化锰>碳酸锰>氧化锰。锰肥作基肥的施用效果要好于作追肥。用硫酸锰作基肥时，通常用量每亩为1~2千克。对已出现缺锰症状的田块，可采用叶面喷施的方法来防治。一般作物用0.1%~0.2%的硫酸锰，锰肥用量为每亩0.1~0.2千克，间隔7~10天连续喷施数次。

② 锰中毒症的防治。

改善土壤环境。适量施用石灰，一般用量应控制在每亩50~100千克，以中和土壤酸度，降低土壤中锰的活性；加强土壤水分管理，及时开沟排水，防止因土壤渍水而使大量的锰还原，促发锰中毒。

作物种类及品种。不同作物品种对锰中毒的耐性有明显的不同，合理选用耐锰中毒的作物品种及耐性品种，可预防锰中毒症的发生。

合理施肥。用钙镁磷肥、草木灰等碱性肥料和硝酸钙、硝酸钠等生理碱性肥料，可以中和部分土壤酸度，降低土壤中锰的活性。尽量少施过磷酸钙等酸性肥料和硫酸铵、氯化铵、氯化钾等生理酸性肥料，以避免诱导锰中毒症状的发生。

9. 玉米锌素失调症及防治方法

（1）缺锌症。植物缺锌时，生长受到抑制，尤其是节间生长严重受阻，并表现出新叶片的脉间失绿或白化。苗期新叶中下部黄白化形成白苗，又称"花白苗"，拔节后缺锌，叶片下半部出现黄白条纹，呈半透明，称"花叶条纹病"。叶片也表现为与叶脉平行的叶肉组织变薄，叶片中脉的两侧出现失绿条纹。玉米对缺锌非常敏感，出苗后1~2周内即可出现缺锌症状，病情较轻时可随气温的升高而逐渐消退。拔节后中上部叶片中脉和叶缘之间出现黄白失绿条纹，严重时白化斑块变宽，叶肉组织消失而呈半透明状，易撕裂；下部老叶提前枯死。同时，节间明显缩短，植株严重矮化；抽雄、吐丝延迟，甚至不能正常吐丝，果穗发育不良，缺粒和秃尖严重。

（2）锌过剩症。作物锌中毒的症状为叶片黄化，进而出现赤褐色斑点。

锌过量还会阻碍铁和锰的吸收,有可能诱发缺铁或缺锰。

(3) 防治方法。

① 缺锌症的防治。可先将表层土壤集中堆置,把心底土平整后再覆以表土,保持表层土壤的有效锌水平,防止旱地作物缺锌。充分利用耐低锌的种质资源,有效地预防作物缺锌症的发生。在低锌土壤上要严格控制磷肥和氮肥用量,避免一次性大量施用化学磷肥,尤其是过磷酸钙;在缺磷土壤上则要做到磷肥与锌肥配合施用;同时,还应避免磷肥过分集中,防止局部磷、锌比例的失调而诱发缺锌。锌肥的施用以作基肥为宜。用硫酸锌作基肥时,通常用量为每亩1~2千克,对于固定锌能力较强的土壤,应适当增加施锌量,每亩可用2~3千克硫酸锌作基肥;另外,还可叶面喷施锌肥,一般用0.15%~0.30%的硫酸锌,锌肥用量每亩0.1~0.2千克,生育期间连续喷施2~3次,间隔时间为5~7天。同时,锌肥的当季利用率较低,残效明显,不一定每年都要重复施用锌肥。

② 锌中毒症的防治。严格控制工业"三废"的排放,适时监测,谨防其对土壤的污染。根据作物的需锌特性和土壤的供锌能力,确定适宜的锌肥施用量、施用方法及施用年限等,防止锌肥施用过量而引起锌中毒症状的发生。用城市生活垃圾、污泥等含锌废弃物作有机肥料施用时,要严格监控,用量和施用年限应严格控制在土壤环境容量允许的范围内。

10. 玉米硼素失调症及防治方法

(1) 缺硼症。作物缺硼时,节间伸长延缓或不伸长,植株矮小,根变粗,细根少,生长不良;叶部表现为幼嫩叶子叶脉间出现不规则白色斑点,继而连成白色条纹;缺硼时花药和花丝萎缩,花粉发育不良,籽粒败育,造成空颖,不能完成正常授粉而不实。玉米上部叶片发生不规则的褪绿白斑或条斑,果穗畸形,行列不齐,着粒稀疏,好粒基部常有带状褐色。

(2) 硼过剩症。玉米硼中毒时,叶缘黄化,果穗多秃顶,植株提早干枯,产量明显降低。

(3) 防治方法。

① 缺硼症的防治。

A. 施用硼肥时最需注意的是用量问题,少了不起作用,多了极易招致毒害。施用硼肥的主要技术有三种。

一是土施。一般作基肥施用。用硼砂作基肥时,一般用量为每亩0.1~

0.2千克。同时，可与磷肥、有机肥料等混合后施用，以提高施用硼肥的均匀性。若作种肥施用，用量减半，还须避免与种子直接接触。值得注意的是，基施硼肥的后效明显，不需要每年以上述用量施用硼肥，否则有可能造成硼过量而发生中毒症。

二是浸种。一般作物种子用0.01%~0.03%硼砂或硼酸溶液浸种为宜，浸种时间取决于种子的大小，一般为12~24小时。

三是叶面喷施。用0.1%~0.2%硼砂或硼酸溶液喷施，一般作物的硼肥用量为每亩0.1千克。还须注意，硼砂配制时需用热水溶解，再稀释至施用的浓度。

B. 增施有机肥。一方面有机肥料本身含有硼，全硼含量通常在20~30毫克/千克，施入土壤后，随着有机肥料的分解可释放出来，提高土壤供硼水平；另一方面还能提高土壤有机质，增加土壤有效硼的贮量，减少硼的固定和淋失，协调土壤供硼强度和容量。

合理施用氮、磷、钾肥料。控制氮肥用量，防止过量施用氮肥引起硼的缺乏；适当增施磷钾肥，促进作物根系的生长，增强根系对硼的吸收。

C. 其他措施。根据缺硼症发生的原因，还可采用以下的防治措施。

首先是因地种植，避免在缺乏灌溉条件、易遭受干旱的低硼土壤上种植对缺硼敏感的作物，以防缺硼症状的发生。

其次是合理平整耕地，先将表层土壤集中堆置，把心底土平整后再覆以表土。避免心底土直接暴露于表层，保持表层土壤的有效硼水平，防止作物缺硼。

再次是水分管理，加强农田水利的基础设施建设，灌溉抗旱、排水防渍、协调土壤的水汽状况，保障作物根系的正常代谢活动及其对硼的吸收。

最后是选用耐低硼的作物品种，充分利用耐低硼的作物种质资源，有效地预防作物缺硼症的发生。

② 硼过剩的防治。在有效硼高于临界指标的土壤上，安排种植对硼中毒耐性较强的作物品种。尽量避免用含硼量高（≥1.0毫克/千克）的水源作为灌溉水源。在严格控制硼肥用量的基础上，努力做到均匀施用；叶面喷施硼肥时必须注意浓度，防止因施用不当而引起硼中毒症状的发生。

（三）配方施肥技术

科学施用肥料与玉米的高产、优质、高效有着极为密切的关系。任何优良品种和先进的生产技术，如果没有以科学的施肥为基础，其高产、优质、高效的作用就不能充分发挥。配方施肥技术是科学的施肥技术，取得了明显的节肥增产、节支增收、增产增收的效果，取得了较好的经济效益、生态效益和社会效益。

所谓配方施肥是指综合运用现代农业科技成果，根据作物需肥规律、土壤供肥性能与肥料效应，在以有机肥为基础的条件下，提出氮、磷、钾和微量元素肥料的适宜用量比例体积相应的施肥技术。

配方施肥的特点是产前测定土壤基础肥力状况，根据目标产量确定肥料用量及比例，从而实现经济施肥、合理施肥。

玉米配方施肥方法很多，在生产中常用的有氮磷比例法、目标产量法、肥料效应函数法和微量元素临界值法。

1. 氮、磷、钾比例配方法

此种方法是根据田间试验和生产经验相结合的一种综合估算配方法。氮、磷最佳配比田间试验，为开展玉米配方施肥奠定了基础。氮、磷比例配方的具体做法如下。

（1）应用土壤普查结果，按地块划分的等级（土壤中有效氮、磷、钾含量），计算土壤养分含量。

（2）应用多年玉米肥料试验资料和生产经验估算出氮、磷、钾的利用率和施肥量。

（3）根据氮、磷、钾配比田间试验资料，找出当地玉米施肥的最佳氮、磷、钾的比例，再计算出氮、磷、钾的实际用量。

2. 目标产量配方法（地力减差法）

此法主要依据土壤、肥料两方面供给玉米养分的原理计算肥料的用量。目标产量（计划产量）确定后，根据养分情况确定施肥用量。具体做法如下。

（1）空白产量。玉米在不施肥的条件下，所得的产量为空白产量，其养分全部来自土壤。

（2）计划产量减去空白产量后，增加的产量就是施用化肥所得到的产量。

（3）根据玉米施用化肥当年利用率和施用氮、磷、钾比例计算氮、磷、钾化肥的施用量。

3. 养分平衡法

平衡施肥是在精细测土的基础上，以作物需肥规律为依据，以历年产量为参考，结合田间试验，提出目标产量，并确定出达到目标产量所需肥料种类、数量及配比。目前，确定施肥量的主要方法有养分平衡法、养分丰缺指标法及肥料效应函数法，这些方法各有优缺点，相比较而言养分平衡法较实用，该方法就是以土壤养分测试为基础来确定施肥量。其计算公式为：

施肥量（千克/亩）=（作物单位产量养分吸收量×目标产量－土壤测定值×0.16）/（肥料养分含量×肥料利用率）

其中：0.16 为换算系数，表示土壤速效养分换算成每亩地耕作层所能提供的养分系数；氮素肥料的利用率为 20%～40%，磷素肥料的利用率为 10%～25%，钾素肥料的利用率为 30%～50%。

4. 临界值法

此法是微量元素肥料配方的一种方法，其方法如下：

首先查清土壤中玉米生育必要的几种微量元素的含量，特别是有效含量；其次掌握玉米必需的几种微量元素的临界值，再参照土壤中微量元素的有效含量，决定施用哪种微量元素，不施用哪种微量元素。

第四节　高产高效栽培技术

一、甜玉米高产高效栽培技术

甜玉米适应性广、效益高，因具有甜、嫩和不耐贮藏等特点，往往受到栽培条件和市场因素所制约。因此，掌握适宜的、配套的栽培技术意义重大。

（一）品种介绍

1. 雪甜 7401

系福州金苗种业有限公司选育的甜玉米新品种，2018 年通过浙江省农作物品种审定委员会审定。该品种为早熟类型，株高较矮，穗位低，生育期短，外观商品性和蒸煮品质优，生育期（出苗至采收鲜穗）78.8 天，株型平展，叶色浓绿；果穗较大，长筒形，苞叶中等；籽粒白色，排列整齐。高感小斑病、纹枯病，中抗大斑病、茎腐病。一般鲜穗亩产 610～670 千克，具体看种植地区及种植时间。

2. 金银 208

系上海华耘种业有限公司选育的早熟黄白双色超甜玉米单交种，2016年6月通过浙江省品种审定委员会专家组考察。该品种在浙江地区春播生育期（出苗至采收鲜穗）81天，植株生长势较强，根系发达。株高147.1厘米，穗位高28.7厘米，双穗率14.8%。果穗锥形，籽粒黄白色，色泽反差大，果皮薄，柔嫩无渣，水分多，含糖量高，商品性和品质好，蒸煮风味更佳。一般亩产710千克左右，具体看种植地区及种植时间。

3. 浙甜 10 号

系浙江省农业科学院玉米与特色旱粮研究所选育的甜玉米，审定编号：浙审玉2015002。该品种丰产性好、品质较优、商品性好，生育期（出苗至采收鲜穗）85天，株高215.4厘米，籽粒黄白相间，排列整齐；单穗鲜重309.2克；中抗大斑病和茎腐病，感小斑病和玉米螟。一般鲜穗亩产950千克左右，具体看种植地区及种植时间。

4. 正甜 68

系广东省农业科学院作物研究所、广东金作农业科技有限公司选育的甜玉米品种，审定编号：湘审玉2012006。该品种丰产性好、品质较优、商品性好，春播生育期（出苗至采收鲜穗）91.2天，株高218.9厘米，穗位高92.8厘米，果穗筒形，籽粒浅黄色，排列整齐，单穗鲜重252.4克。鲜穗外观品质较好，皮较薄。抗茎腐病，感大、小斑病和玉米螟。一般鲜穗亩产833~910千克，具体看种植地区及种植时间。

5. 申科甜 2 号

系上海市农业科学院选育的优质、多抗超甜水果玉米新品种，果穗外观性好，鲜食品质优良，适应性广，2017年通过上海市农作物品种审定，2019年浙江省完成抗病鉴定进行引种备案。该品种生育期（出苗至采收鲜穗）90.8天，株型平展，株高225.2厘米，穗位高98.5厘米，果穗筒形，籽粒黄白相间，单穗重295.8克。感官品质综合评价中等。抗小斑病，高抗大斑病，中抗纹枯病、高抗茎腐病。每亩3 200~3 500株为宜，采用大小行种植，也可以稀植；一般鲜穗亩产905.3千克，具体看种植地区及种植时间。

6. 浦甜 1 号

系浦江县天作玉米研究所选育的甜玉米，审定编号：浙审玉2017002。

该品种属甜玉米，植株、穗位较高，生育期较长，果穗较大，外观商品性和蒸煮品质中等，丰产性好，生育期（出苗至采收鲜穗）88.4天，株型半紧凑，籽粒黄色，排列整齐。中抗小斑病、大斑病和玉米螟，高抗茎腐病，抗纹枯病。一般鲜穗亩产850~950千克，具体看种植地区及种植时间。

7. 万鲜甜178

系万农高科股份有限公司选育的甜玉米，审定编号：国审玉20180366。该品种全生育期（出苗至采收鲜穗）72.5天。幼苗叶鞘绿色，叶片、叶缘绿色，花药黄色，穗轴白色，籽粒黄色。感小斑病，中抗纹枯病，中抗南方锈病。一般鲜穗亩产820千克，具体看种植地区及种植时间。

8. 萃甜618

系南京绿领种业有限公司选育的甜玉米，审定编号：国审玉20180359。该品种生育期（出苗至采收鲜穗）71.8天，幼苗叶鞘绿色，叶片、叶缘绿色，花药黄色，颖壳绿色。株型半紧凑，果穗筒形，穗轴白色，籽粒黄色，感小斑病，感南方锈病，中抗纹枯病，高抗茎腐病。一般鲜穗亩产770千克，具体看种植地区及种植时间。

9. 美玉甜007

系海南绿川种苗有限公司选育的甜玉米，审定编号：国审玉20170037。该品种春播生育期（出苗至采收鲜穗）83天，株高190厘米，穗位高74厘米。穗轴白色，籽粒黄色，中抗小斑病和腐霉茎腐病，感纹枯病。一般鲜穗亩产930千克，具体看种植地区及种植时间。

10. 浙甜11

系浙江省农业科学院玉米与特色旱粮研究所选育的甜玉米，审定编号：浙审玉2015003。该品种产量高、商品性佳、品质较好。生育期（出苗至采收鲜穗）85.3天，植株半紧凑，籽粒黄白相间，排列整齐，单穗鲜重262.5克；高抗茎腐病，中抗玉米螟，高感大、小斑病。一般鲜穗亩产850~900千克，具体看种植地区及种植时间。

目前生产上种植的甜玉米，大致可以分为3种类型：第一种是普通甜玉米，皮较薄，含糖量较低，主要用来加工成粒状或糊状罐头；第二种是超甜玉米，皮较厚，含糖量高，食味较好；第三种是加强甜玉米，它综合了前面2种甜玉米的优点，含糖量高且风味好，耐贮存，加工用途广。

选用甜玉米品种应选择适宜本地气候、高产、优质、多抗的良种，注意早、中、晚品种搭配。根据用途的不同，科学地选用和合理搭配品种，以青嫩果穗做水果、蔬菜上市或速冻加工为目的的，应选用超甜玉米或加强甜玉米品种；以制作罐头制品为主的，则应选用普通甜玉米品种，因为这类品种的籽粒深，出籽率高，并注意早、中、晚熟品种搭配种植，以满足市场需求。选用甜玉米品种还应考虑以下因素：第一，甜玉米本身应具有高产潜力，同时具备甜度适宜、质地柔嫩、营养丰富的特点；第二，品种果穗大小均匀一致，苞叶长而不露尖，如果苞叶短，露尖后将严重影响商品性，结实饱满，籽粒排列整齐，种皮较薄；第三，要求品种生育期符合当地生态条件，种子发芽率高，苗势较强，对超甜玉米尤应要求有较高的发芽率和苗势；第四，所选用的品种对当地流行的主要病虫害有较高的抗性。

（二）栽培技术

1. 隔离种植

甜玉米与非甜质玉米及其他类型甜玉米之间必须严格隔离，否则串粉后当代即变成非甜质玉米，甚至不同品种间串粉也会相互影响品质。因此可采用空间隔离或时间隔离进行隔离种植。

（1）空间隔离。要求在种植区外围 400 米以内不能栽种其他玉米品种，如有林木、山冈等天然屏障，可适当缩短距离。

（2）时间隔离。若不能空间隔离，则应采取时间隔离（错开播种期）的方法来避免与其他玉米品种的花期相遇。此方法要求花期相差至少30 天以上，所以，在一个地方一个生产季节，最好使用一个甜玉米品种。

2. 播种

与普通玉米相比，甜玉米种子、出苗、生长进程以及籽粒胚乳甜质隐性基因的表达、灌浆生理等均有其自身的特点，加上生产用途不同，播种时应注意根据其自身的条件而采取不同的栽培技术措施。

（1）种子处理。甜玉米种子，尤其是超甜玉米，保存期比普通玉米种子短得多。要延长种子的保存时间，田间成熟度要适中，种子干燥后，最好放在低温库或玻璃瓶、金属罐内密封保存。在播种前，对种子进行精选，去除小粒、杂粒、发霉粒，还应按种子籽粒大小进行分级，并做发芽试验，根据发芽率制定播种量。种子精选后，可增加包衣。

（2）精细播种与合理密植。甜玉米种子顶土能力差，幼苗也比较瘦弱，很难达到苗全、苗齐、苗壮。保证甜玉米苗全、苗齐、苗壮是甜玉米种植成功与否的关键。可采用畦连沟 1.2 米种植,畦面 80 厘米,两侧沟各 20 厘米,行距 40~50 厘米,株距 35~40 厘米,亩栽种量 2 800~3 200 株。播种时适宜的土壤含水量为最大持水量的 60%~75%。播种不宜太深,一般覆土 3~5 厘米即可,并注意覆土均匀一致。每穴下种 2~3 粒,从而确保全苗。

（3）精细整地与适期播种。种植甜玉米应选择沙壤、壤土土质、肥力较高、pH 值在 6.5~7、深松保水、渗透性良好、排水灌溉方便的地块种植,以保证有一个良好的土壤水、肥、气,可尽发壮苗。整地要求细致,在土壤水分适宜的情况下有地整地,做到上虚下实,土壤细碎。

因甜玉米主要是采收鲜嫩果穗,采鲜集中,季节性强,短时间内就要采收上市。因此甜玉米播种期的确定,不仅要根据气候、土壤条件,还要考虑市场和加工需要。从生物学角度而言,气候稳定在 10~12℃ 时即可播种,但实际生产中应以市场为导向,结合当地的自然气候条件,因地制宜确定甜玉米的播种期。还可根据甜玉米特殊用途和采收期短等特点来确定播期,如利用分期播种来延长采鲜时间,不断供应市场销售和加工厂加工。如果是出售鲜嫩玉米,就要考虑每天的销售能力,以避免积压造成经济损失;如果用来加工罐头或速冻,就要考虑工厂的加工能力,做到当天采收当天加工,以保证产品质量,延长上市或加工时间。

3. 育苗移栽与地膜覆盖

由于甜玉米的种子价格高,发芽出苗率低、苗势弱,大小苗严重,为了节省种子、培育壮苗、提早上市,必须采用育苗移栽技术,实现苗齐、苗全、苗壮。2 月中下旬,在大棚内或选避风向阳、土壤肥沃的地方,采用塑料穴盘或有机质营养钵育苗,地膜覆盖后,搭建小拱棚盖膜,二叶一心后可带土移栽,移栽叶龄不能超过 5 片叶,否则缓苗期长;3 月底前,覆盖地膜移栽,如果温度更高的地区,可不覆地膜直接移栽。

采取地膜覆盖,一般可提高土温 3~10℃,能有效地改善早春的土壤微环境,特别是使种子在较高的温度下出苗,促进壮苗早发,并能提早 7~15 天采摘上市。待幼苗出土一叶后,即可破膜放苗,在拔节期,结合中耕除草和追施穗肥,及时揭膜并捡净残膜,目前生产中有降解地膜使用,在玉米生育期结束后,地膜可降解,减少污染,对环境更加友好。

4. 田间管理

（1）施肥。甜玉米因生长期短，肥料管理显得尤为重要。充足的肥料可促进甜玉米壮苗早发，调节群体植株生长的整齐一致，控制植株的无效增长，促进有效增长，防止甜玉米早衰，建立高光效的群体，增加产量和商品率，并能提高甜玉米的品质。其施肥原则是：以有机肥料为主，有机肥和无机肥配合施用，重施基肥，辅助追肥，早追苗肥，补施穗肥，长效氮肥与磷、钾肥配合施用，尽量增施磷、钾肥。

① 基肥。基肥应以有机肥为主，使用数量应占总施肥量的60%~70%。因为甜玉米在乳熟期收获，相对来讲生育期较短，基肥比重应大些，但同时也要注意合理施用追肥。

② 追肥。甜玉米籽粒中所含营养物质较少，苗期生长慢，植株小，对氮、磷、钾吸收的数量少，速度慢。拔节到抽穗开花期吸收的数量最多，吸收的速度最快，是吸肥的关键时期。开花授粉以后，吸收的数量虽然多，但吸收的速度则逐渐减慢。所以应该适施苗肥，重施拔节肥和穗肥，补施粒肥。苗肥一般是指出苗后拔节前，幼苗有3~5叶时，结合间苗、定苗施的追肥；拔节肥则是指拔节前后出7~9叶时的追肥。

穗肥应在果穗的小穗小花分化开始时施用为好。在正常情况下，这一时期植株的叶片数，展开叶为9叶左右，可见叶为12叶左右，即未出叶为3叶左右（一般在出现大喇叭口时期），在抽雄前10~12天施肥。施穗肥时还要根据肥料种类及苗势而定，穗肥应占总追肥量的40%左右。粒肥应早施、巧施，早施以在果穗吐丝时为宜，使肥料作用于灌浆乳熟时期。巧施则是看穗肥与植株长相而定。甜玉米生长发育还需要一定量的锌、铁、锰、硼、铜、钼等微量元素和超微量元素，这些元素常是酶、辅酶或一些维生素的组成成分，应根据土壤丰缺情况，注意在基肥中补施或在叶片中喷施微肥，以确保甜玉米正常生长发育，提高甜玉米产量和品质。

（2）科学灌水。甜玉米的需水特性与普通玉米相似，水分管理应注意苗期防涝，中后期防旱。否则将会导致果穗短、籽粒小、外皮硬化、甜味减低、风味欠佳的现象，降低果穗商品价值。

超甜玉米对水分要求较高，整个生育期要保持土壤湿润，既喜水又怕渍，否则易发"水黄"而影响植株正常生长。特别在拔节孕穗期、抽雄吐丝期是灌水的关键时期，要防止土壤干旱缺水。多雨天要及时排水防涝防渍。

（3）中耕锄草。由于甜玉米发苗比较慢，易受杂草危害。必须早中耕除草。3~4片叶时，结合施苗肥，进行浅中耕，拔节期结合追施穗肥，进行深中耕，小喇叭期以后，杂草就难以形成危害了。田间也可覆盖黑色降解地膜，减少杂草对玉米生长的竞争作用。

（4）去分蘖。甜玉米易产生分蘖，为保证果穗的产量和等级，应及早打杈除蘖，但在密度稀时，甜玉米的分蘖可以形成结实饱满的果穗，所以，为保证甜玉米果穗饱满，一般每株只留1个分蘖。但密度较大时，分蘖基本上不能形成果穗，且消耗养分和水分，影响主穗产量和质量。每株只保留最上边的一个玉米苞，其余的果穗全部摘除。否则，甜穗均长得较小。为不影响玉米的正常生长，操作时尽量避免损伤主茎及其叶片。

（5）人工辅助授粉。在正常气候条件下，甜玉米的雌雄开花吐丝比较协调，结实性较好。但在吐丝、散粉期间，如遇高温、刮风、下雨等不利气候条件，会使授粉不良，出现秃尖缺粒现象。可以在上午，辅助人工授粉。如用竹棍等工具沿玉米行间敲打玉米雄穗，使花粉集中散落下来；也可将花粉抖落在铺有纸张的广口容器内，然后授在尚未授粉的花丝上。

（6）病虫害防治。甜玉米因茎叶多汁、味甜，易受地下害虫、螟虫、黏虫等为害，导致果穗商品性能下降。因此，田间应掌握预防为主，勤查虫苗，根据害虫的发生及为害程度，适时防治。

（7）甜玉米的适期采收。采收期对甜玉米的商品品质和营养价值影响极大。收得太早，籽粒内容物少、色泽浅、风味差、产量低、含糖量也少；收太晚则果皮变厚，籽粒内糖分向淀粉转化，甜度下降，风味也差，失去了甜玉米特有的风味。只有在适宜的采收期采摘，甜玉米才具有甜、香、脆等特点，而且营养丰富，加工品质也好。

在田间确定采收时期，主要靠经验，如看花丝的变化、手指掐嫩籽粒、品尝甜味等。也可用测试的方法，即测定嫩籽粒的水分含量，多数超甜玉米品种上市时的水分应在73%~75%，做罐头的普通甜玉米在68%~72%。也可通过计算有效积温来确定，超甜玉米在授粉后有效积温270℃左右采收，普通甜玉米在290~350℃时采收。不同类型甜玉米适宜的采收时期各不相同，一般来说，适宜的采收期为：普通甜玉米在吐丝后17~23天，超甜玉米在吐丝后20~28天，加强甜玉米在吐丝后18~30天。适宜采收期与很多因素有关，如品种类型、生育期长短、当年的气候特点，特别是采收季节的光照、气温等。

二、糯玉米高产高效栽培技术

糯玉米营养丰富，易消化，其蛋白质、赖氨酸含量较普通玉米高，含有大量的维生素和矿物质元素。由于糯玉米的消化率和饲料转化率较高，它也是禽畜的优良饲料，更是淀粉工业的重要原料，因此栽培面积逐年增加，在审定过程中，甜糯玉米属于糯玉米，因此本章节高产高效栽培技术也包括甜糯玉米。

（一）糯玉米的品种介绍

1. 钱江糯 3 号

系杭州市农业科学研究院选育，2017 年通过浙江省主要农作物审定，审定编号：2017008。该品种生育期（出苗至鲜穗采收）87.9 天，株高 195.8 厘米，穗位高 75.8 厘米，双穗率 22.6%，空秆率 0.7%，倒伏率 0.8%，倒折率 0%。穗长 20.3 厘米，穗粗 5.1 厘米，秃尖长 2.6 厘米，穗行数 15 行，行粒数 37 粒，单穗重 274.4 克，净穗率 75.2%，鲜千粒重 346.2 克，出籽率 64%，一般鲜穗亩产 844.8 千克，具体看种植地区及种植时间。直链淀粉含量 2.1%，感官品质、蒸煮品质综合评分 85.6 分，感玉米螟，抗小斑病，高抗大斑病、感茎腐病、感纹枯病。2018 年获浙江省鲜食玉米（糯玉米）品种食味品质鉴评金奖，2019 年获浙江省鲜食玉米新品种大会优质糯玉米品种，2021 年、2022 年被浙江省农业农村厅推荐为三大糯玉米主导品种之一。推广面积已达 16 万亩以上。

2. 杭糯玉 21

系杭州种业集团有限公司选育，2019 年通过浙江省主要农作物审定，审定编号：浙审玉 2019002。该品种生育期（出苗至鲜穗采收）83.6 天，株型半紧凑，上部叶片茂盛，株高 211.0 厘米，穗位高 84.5 厘米，双穗率 0.4%，空秆率 0.2%，倒伏率 1%，倒折率 0.0%；果穗较大，锥形，籽粒白色，甜糯粒比例 1∶3，排列整齐，穗长 18.2 厘米，穗粗 5.2 厘米，秃尖长 1.4 厘米，穗行数 13.5 行，行粒数 35.7 粒；单穗鲜重 250.0 克，净穗率 76.2%，鲜千粒重 350.1 克，出籽率 66.1%，一般鲜穗亩产 837.3 千克，具体看种植地区及种植时间。直链淀粉含量 2.3%；感官品质、蒸煮品质综合评分88.5分,小斑病级5级,大斑病级3级,纹枯病株率67.1%。

3. 科糯2号

系浙江农科种业有限公司、浙江省农业科学院作物与核技术利用研究所选育,2016年通过浙江省主要农作物审定,审定编号:浙审玉2016003。生育期(出苗至鲜穗采收)88.1天,株高225.8厘米,穗位高91.1厘米,双穗率11.4%,空秆率1.2%,倒伏率11.8%,倒折率0.6%;果穗锥形,穗长21.1厘米,穗粗4.9厘米,秃尖长2.9厘米,穗行数13.4行,行粒数41.3粒,籽粒白色;单穗鲜重261.9克,净穗率69.4%,鲜千粒重336.6克,出籽率69.3%;一般鲜穗亩产836.8千克,具体看种植地区及种植时间。直链淀粉含量2.4%;感官品质、蒸煮品质综合评分84.9分,感小斑病,中抗大斑和玉米螟。

4. 荆恒一号

系荆州区恒丰种业发展中心选育,2018年通过审定,审定编号:沪审玉2018003。该品种株型半紧凑,穗轴白色,籽粒白色。2021年安徽省适应性种植试验平均株高192.0厘米,穗位71.7厘米,穗长19.3厘米,穗粗5.0厘米,穗行数15.0行,行粒数39.8粒。生育期(出苗至鲜穗采收)77天。中抗小斑病、感南方锈病、中抗纹枯病、中抗茎腐病、高抗穗腐病。2021年引种试验平均鲜穗亩产974.8千克。

5. 玉农花彩糯7号

系江西农业大学农学院、江西省玉丰种业有限公司选育,2016年通过审定,审定编号:赣审玉2016004。该品种属半紧凑型糯玉米品种,春播生育期(出苗至鲜穗采收)85天,株高174.2厘米,穗位高52.7厘米,双穗率2.2%,空秆率2.2%,倒伏、倒折率0.8%。果穗锥形,穗长17.8厘米,穗粗4.5厘米,秃尖长1.0厘米,穗行数12.4行,行粒数36.4粒。单穗重199.5克,鲜百粒重34.4克,鲜出籽率71.6%,一般鲜穗亩产737.4千克,具体看种植地区及种植时间。籽粒紫白色,穗轴白色。品质综合评分84.7分。

6. 浙糯玉14

系浙江省农业科学院玉米与特色旱粮研究所选育,2019年通过审定,审定编号:浙审玉2019003。该品种生育期(出苗至鲜穗采收)85.1天,株型半紧凑,株高253.2厘米,穗位高114.0厘米,双穗率16.6%,空秆率

0.1%，倒伏率2.5%，倒折率0.2%；果穗较大，锥形，籽粒紫白相间，排列整齐，穗长18.8厘米，穗粗5.0厘米，秃尖长1.5厘米，穗行数12.7行，行粒数38.4粒；单穗鲜重252.6克，净穗率75.2%，鲜千粒重385克，出籽率72.4%，一般鲜穗亩产996.5千克，具体看种植地区及种植时间。直链淀粉含量2.5%；感官品质、蒸煮品质综合评分85.2分，小斑病级7级，大斑病级3级，纹枯病株率45.0%。

7. 天贵糯932

系南宁市桂福园农业有限公司选育，2019年通过审定，审定编号：津审玉20190010。该品种生育期（出苗至鲜穗采收）83天，株高267.9厘米，穗位122.9厘米，穗长21.6厘米，穗粗4.8厘米，秃尖长1.7厘米，穗行数16.3行，行粒数35.7粒，籽粒紫白色，穗轴白色。品质检测中未检出直链淀粉。一般鲜穗亩产1 005.9千克，具体看种植地区及种植时间。

8. 万彩糯三号

系河北华穗种业有限公司选育，2013年通过上海市审定（审定编号：沪审玉2013007），2015年通过国家审定（审定编号：国审玉2015038）。该品种为红白双色中熟糯玉米单交种，东南地区春播生育期（出苗至鲜穗采收）83天。株高230厘米，穗位高97厘米，穗长18厘米左右，穗行数14~16行。果穗长筒形，无秃尖，籽粒红白相间，甜糯可口，品质好，宜鲜食。抗茎腐病、纹枯病。一般鲜穗亩产900千克，具体看种植地区及种植时间。

9. 浙糯玉10号

系浙江省农业科学院玉米与特色旱粮研究所选育，2017年通过浙江省审定，审定编号：浙审玉2017007。该品种生育期（出苗至鲜穗采收）84.3天，株高220.4厘米，穗位高79.0厘米，双穗率20.4%，空秆率0.6%，倒伏率0.7%，倒折率0.9%；穗长21.4厘米，穗粗4.9厘米，秃尖长1.7厘米，穗行数14.6行，行粒数38.5粒，籽粒紫白花色；单穗鲜重264.1克，净穗率78.8%，鲜千粒重314.1克，出籽率63.0%。中抗小斑病和玉米螟，感大斑病和纹枯病，高感茎腐病。直链淀粉含量2.3%；外观品质、蒸煮品质综合评分85.7分，比对照高0.7分。一般鲜穗亩产917.6千克，具体看种植地区及种植时间。

（二）栽培技术

糯玉米的单株叶面积发展动态与普通玉米基本一致，自幼苗到成熟也经过缓慢增长期、直线增长期、稳定期和衰落期4个阶段。其叶面积发展动态表现出增长速度慢、稳定期短、衰落快等特点，特别是中前期，糯玉米的叶面积增长慢，不能很快建立一个合理的群体结构，田间漏光损失较多；在吐丝期达到最大叶面积后，稳定期短，叶片衰亡较快，叶片功能期短，光合生产效率差。根据糯玉米叶面积的生长变化规律，栽培上应通过合理的水肥措施，延长稳定期，减缓下降期或下降速度，使植株保持较大的光合面积，以制造更多的糖分和营养物质。干物质积累呈S形曲线，可划分为明显的3个阶段：出苗到小喇叭口期，植株干物质增加缓慢，呈指数增长；小喇叭口期至蜡熟期，植株干物质呈线性增长；蜡熟期以后植株干物质的增长又趋缓慢。不同时期干物质的分配中心及单个器官的干物质积累动态与普通玉米基本一致。籽粒灌浆过程表现出体积及鲜重达到最大值的时期与普通玉米相似，但籽粒干重的线性增长期比普通玉米短，粒重增加速率比普通玉米低，籽粒含水量日下降速率比普通玉米稍快等特点。

1. 选用优良高产品种

种植糯玉米，良种是关键，应选择品质优、产量高、生育期适宜的品种。

2. 种子处理

用发育健全、发芽率高的种子，除去小粒、瘪粒、霉粒、杂粒。播种前采取晒种、浸种、药剂拌种等措施进行种子处理，可明显提高种子的生活力，减少病虫为害，达到全苗、壮苗，为丰产打下良好的基础。

3. 搞好隔离，保持品质

糯玉米是由纯合隐性基因控制的胚乳突变体，大田生产时，糯玉米杂交种地块，严格来讲应与普通玉米隔离开，以保证糯质玉米的质量。隔离方式与普通玉米杂交制种的隔离相似，主要为时间隔离和空间隔离两种形式。

4. 选土深耕

糯玉米根系发达，生长量大、产量高，对肥水要求较多。因此，选择有机质含量高，保肥、保水能力强，排灌方便，耕作层厚，疏松的土壤较为有利。最好避免连作。选择肥力较高的壤土或沙壤土，pH值6.5~7.0、深松保水、渗透性好的地块种植。深耕土地可以加厚活土层，改良土壤理化性状，对调节土壤水、肥、气、热效果明显，有利于根系垂直向下生长。

5. 适期播种，均衡上市

糯玉米播期的初始温度是气温稳定在12℃。作为鲜果穗煮食的，首期播种后，可按市场需求，每隔7~10天再播种一批，最迟播期只要能保证采收期气温稳定在18℃即可。这样就可分批供应市场，以获得较高的经济效益，但春玉米后期田间温度高，玉米果穗成熟快，即便播种时间间隔7~10天，上市时间也很相近。

6. 科学施肥，合理浇水，提高产量，保证品质

糯玉米的施肥技术应坚持增施有机肥，均衡施用氮、磷、钾肥，早施前期肥的原则。追肥应以速效肥为主，提倡粪肥和化肥结合使用，分别在苗期、拔节期、大喇叭口期分期进行，做到看苗施肥。追肥数量根据不同品种和土壤肥力而定。对收籽粒的糯玉米适量追施粒肥，可明显提高结实率和增加籽粒重量。

玉米既怕旱又怕涝，一般苗期不干就不灌水，雨天要注意排水。拔节期需水量大，保持畦面湿润即可；大喇叭口至抽穗扬花期，一定要保持土壤湿润，及时灌水。

7. 及时去小分蘖和多余雌穗，加强人工辅助授粉

间苗一般在3叶期进行，同时注意移苗补栽。间苗时应注意除去小苗、弱苗、病苗、虫苗和过大苗、杂株苗。5~6叶时定苗。为使养分集中，保证长成商品性好的大果穗，改善田间通风透光条件，必须及时除去分蘖。一经长出立即去除，去蘖一般要进行多次，以减少水分和营养消耗，促进茎秆粗壮，防止倒伏，增加产量。

玉米雌穗是由腋芽发育而成的，着生于茎秆中上部的叶腋间，受精后即成为果穗。一般除茎秆顶部的4~5个节不能形成腋芽外，其他叶腋中都能形成腋芽。但不是所有的腋芽都能发育成雌穗。糯玉米由于遗传改良时间短常会出现多穗现象。为了确保第1、第2果穗的正常生长，必须去掉其余雌穗。

在可能的条件下，散粉后可进行人工辅助授粉，减少秃顶。在吐丝、散粉期间，如遇到高温、刮风、下雨等不利气候条件，会使授粉不良，出现秃顶缺粒。人工辅助授粉是一项较好的补救性措施，能明显提高商品质量。

8. 防治病虫害

与普通玉米相比,糯玉米的病虫害防治有特殊要求。糯玉米的虫害主要是苗期的地下害虫和穗期的玉米螟、草地贪夜蛾等。

9. 适期采收,保鲜运输,丰产高效

糯玉米的适宜采收期,主要由食味决定,最佳食味期就是最适宜的采收期。收获籽粒的,要待籽粒完全成熟后收获;利用鲜果穗的,要在乳熟末蜡熟初采收。一般春播采收期以授粉后 25~28 天为宜,秋播采收期以授粉后 28~30 天为宜,具体以当地温湿度和品种而定。过早采收糯性不够,过迟采收缺乏鲜香甜味,只有最适采收期的籽粒嫩、皮薄、渣滓少、味香甜、口感好。

第四章 鲜食玉米主要病虫害防治技术

在玉米的一生中,从播种到收获,每一阶段都会受到不同的病虫危害,近年来,随着耕作栽培制度的改变和品种的增加或更换,在提高产量的同时,一些次要病虫害上升为主要病虫害,同时在社会发展的不同时期,还会出现一些新的病虫害,一些曾经被控制的病虫害因发生条件的变化而为害加重,给玉米生产造成重大损失。

第一节 生长异常诊断

在玉米不同生长阶段,会出现异常的田间症状,针对异常的外观形态,判断其内在出现此症状的可能原因,提早干预,防止更大规模的损失。

一、苗期死苗

(一)死苗原因

1. 药害

种衣剂、杀虫剂、除草剂选择不当或用量过大均会造成药害,常见的药害症状是叶片上有白斑或褐斑,幼芽及根卷曲或变粗,植株生长受限,严重时发生死苗。

2. 肥害

播种时,氮、钾等肥料离种子太近,抑制种子萌发,或造成出苗后枯死,残存苗矮化,叶片变黄干枯。

3. 渍涝胁迫

苗期遇持续干旱天气幼苗易枯死,一般表现为幼株上部叶片打卷,颜色发暗，叶片边缘或叶尖变黄，下部叶片或叶缘干枯致死。但长期水分含量过高，也容易因根系无法呼吸而造成死苗。

4. 虫害

遭遇地老虎、蛴螬、旋心虫等害虫时，地下部分被咬断，地上部分会发生死苗。

（二）预防措施

1. 科学用药

使用杀虫剂和除草剂时要科学选择药剂，合理使用，避免浓度过高。

2. 施肥均匀

施肥要适量，不可因追求高产而过量施肥，尤其是大量施用化肥。

3. 水分管理

在干旱或发生药害后，要及时浇水，加强管理。

4. 防治苗期虫害

选择有包衣剂的种子或根据虫害发生及时药剂喷施防治。

二、白化苗

（一）症状

玉米一般从4叶期开始，新叶基部的叶色变浅，呈黄白色，5~6叶期，心叶下1~3叶出现淡黄色和淡绿色相间的条纹，但叶脉仍为绿色，基部出现紫色条纹，经10~15天，紫色逐渐变成黄白色，叶肉变瘦，呈"白苗"，严重时大量植株呈"白化苗"。"白化苗"是由于缺锌，缺锌的玉米植株矮小、节间短、叶枕重叠、心叶生长迟缓，看上去平顶，严重者"白色"叶片逐渐干枯，甚至整株死亡。另外，在玉米苗期使用过量除草剂产生的药害，也容易造成心叶的顶部及中部连片的"白化"。

（二）预防措施

预防措施有以下4点：一是用锌肥作种肥，每亩用硫酸锌1.5~2千克，与15~20千克细土混合均匀，在玉米播种时，撒在种子旁边。二是锌肥拌种，1千克硫酸锌拌25千克玉米种子，方法是用2~3千克温水溶解1千克锌肥，待全部溶解后，将锌肥溶液均匀喷洒到玉米种子上，使种子表面沾上锌肥，阴干后播种。三是叶面喷施锌肥，出现缺锌苗，每亩用0.2~0.3千克的硫酸锌加水 100 千克进行喷雾，每隔 7 天喷 1 次，一般喷 2~3 次即可使苗恢复正常。四是科学使用苗后除草剂，根据苗后除草剂的适用时期和适用量喷施，避免除草剂向心叶内聚集。

三、红苗

（一）症状

发生红苗现象的主要原因是缺磷，一方面土壤中有效磷含量低，磷供应不足；另一方面是玉米苗期遇到低温、渍害等状况，根系发育不良，降低了吸收磷的能力，同时低温会导致土壤中磷的有效性降低，即使土壤中含磷量较高，也会出现红苗的现象。

（二）预防措施

预防玉米红苗现象的有效措施是磷肥作种肥，每亩磷肥（P_2O_5）用量 1~2 千克（磷酸二铵 2~4 千克）。如果在田间已经出现了红苗，可在叶面喷施 300 倍液的磷酸二氢钾 2~3 次，每隔 3 天喷 1 次；春季中耕松土可提高土壤的表层温度，提高根系活性，增加磷肥的吸收。

四、分蘖多

玉米上经常发生一株上出现多个分蘖的现象，分蘖多从第 3、第 4 叶腋内长出，形成侧株，不能成穗。主要原因有：

（1）品种原因，甜玉米、青贮玉米品种出现分蘖的现象更多。

（2）苗期低温、干旱以及玉米粗缩病、霜霉病、疯顶病和丝黑穗等病害造成主茎生长受阻，易诱发分蘖的萌发。

（3）由于种植密度小、基础地力肥沃，植株生长旺盛常萌发 1~2 个分蘖。

五、叶片发黄

（一）原因

（1）播种太深。种子播种深度对出苗有很大的影响，播种太浅容易遭到鸟虫破坏，播种太深在顶土过程中会过度消耗胚乳营养，容易造成苗期营养不良，出现苗弱、苗黄的情况。

（2）播种过密。播种过密会导致幼苗生长过于拥挤，互相争夺养分、水分，易出现养分不足而导致黄苗、弱苗的情况。

（3）病虫害。玉米出现苗枯病、棉铃虫、金针虫、蚜虫、黏虫、蓟马、地老虎等病虫害时，会导致玉米叶片发黄。

（4）缺素。玉米遭受渍涝胁迫后，导致根系受伤，营养元素的吸收受限，从而出现缺素症状，往往造成黄叶现象。另外，玉米缺锌时也极易产生白化苗，表现为叶面黄化。

（5）药害。玉米的3~5叶期是化学除草的关键时期，生产中常因天气原因耽误施用化肥，造成化学除草与苗期虫害防治的间隔期不够，甚至有除草剂与杀虫剂混用混喷现象。杀虫剂中含有的增效剂，增加了植株对药剂（含除草剂）的吸收，造成了药害的发生；3~5叶期是最佳喷药时期，之后玉米的耐药性减弱，田间杂草抗药性增强，种植户常通过增加用药量来提高除草效果，如果不注意定向喷雾，除草剂没避开叶片喷施，就会导致药害发生。

（二）预防措施

（1）播种深度以3~5厘米为宜，如果生长中出现弱苗情况，可以追肥或喷施叶面肥缓解。

（2）避免出现一穴多粒情况，出苗后，3~4叶期间苗，5叶期定苗，防止幼苗相互争肥、争水、争光，出现弱苗和黄苗。

（3）因病害导致的发黄，可以用70%甲基硫菌灵800倍液喷施防治，连喷2次，间隔7天喷1次。

（4）出现渍涝胁迫时，加强田间排水降渍，适当追肥，保障根系活力。玉米是喜锌肥的作物，所以在苗期容易缺锌，可以选择含有锌元素的肥料作底肥或者在后期作追肥施用，另外，玉米也是喜氮的农作物，所以氮肥的供应也要充足，及时追施尿素可促进玉米生长。

六、空秆

（一）原因

（1）品种不适应当地生态条件。

（2）种植密度偏大。

（3）施肥量不足、病虫害造成营养不良。

（4）在孕穗期缺水或严重受涝。

（5）抽雄授粉前后，高温干旱，连续阴雨，导致不能正常授粉。

（6）化控剂在大喇叭口期使用过量或喷施不匀。

（二）防治措施

（1）选用良种，合理密植。

（2）提高播种质量和群体整齐度，科学水肥调控，及时防治病虫草害。

（3）遇不良气候条件时，人工辅助授粉。

七、玉米多穗

玉米除了上部4~6茎节外，每个节上都生长有腋芽，但一般只有上部茎节上的1~2个腋芽可以分化成果穗，当外部环境条件改变后，会激发3~5个腋芽分化发育，形成一株多穗现象。该现象在鲜食玉米和青贮玉米中较常见，在普通玉米中较少见。

出现多穗的原因有：

（1）花期不协调。高温干旱、药害等逆境胁迫，导致散粉吐丝期不一致或花丝花粉活力差，导致第一个果穗不能正常发育成穗，多余的营养则供给其他果穗发育，从而形成多穗现象。多见于单独种植在农家庭院或者田边地头的单株玉米，因为周围同期散粉的玉米植株较少或没有同期散粉的玉米，顶部果穗不能正常授粉结实，多余营养供应下部果穗的发育。

（2）肥水过多。玉米在雌穗分化阶段若肥水过多，玉米植株无法消耗过多的养分，则激发茎节上的多个腋芽萌动发育，形成多穗。综合品种特性、种植密度、肥水供应情况等因素，可分化出3个果穗，最终形成1~2个有产量的果穗。

（3）逆境胁迫或药害。在玉米穗分化阶段受高温干旱、药害等逆境因素的胁迫，主穗的正常发育受阻，穗柄的叶腋或主茎上的叶腋内将萌发新生的雌穗，从而形成多穗现象。

八、雄穗结实

该现象为"返祖"现象，多见于植株分蘖的顶端。玉米的雄花序和雌花序既可发育为雌穗，也可发育成雄穗。由于受到环境因素的刺激，影响了玉米穗的分化过程，植株顶部的雄花花序在分化发育过程中，雄花退化，雌花得到发育，最终在顶部发育成雌穗而结实。

九、异形果穗

玉米在散粉吐丝期受到干旱、高温胁迫时，花丝和花粉活力降低，大量花粉干瘪失活，只有部分花丝可完成正常的授粉受精过程，最终果穗上零星形成籽粒，便成为"满天星"果穗。

"秃尖"是由于雄花抽出过早，雌花顶部花丝吐丝较晚，不能正常授粉，便形成中下部有籽、顶部无籽的"秃尖"。另外，在土壤缺磷或施磷太少、种植密度过大、灌浆期出现连阴雨、氮肥不足时，玉米正常的光合作用或光合产物的转移受限也容易引起"秃尖"。有些也与品种有关。

在散粉吐丝期遇到连续降雨或出现花期不遇的情况，导致花丝吐出较长时间却未能及时授粉，上部花丝将下部花丝遮盖，使下部花丝不能正常授粉，这就形成了半个果穗有籽粒、半个果穗无籽粒的"牛角穗"。

第二节 玉米病害

玉米病害有很多，按病原菌可分为细菌性病害、真菌性病害、病毒性病害等，按发生部位可分为叶部病害、穗部病害、根茎部病害等。

一、叶部病害

该类病害主要在叶片上形成大小不一的病斑，病斑占据叶表面，直接影响植株的光合作用，降低光合效率。少量的病斑对植株的生长发育不会造成明显的影响，当病斑尤其是棒三叶上的病斑占到叶片面积的30%以上时，可造成植株矮小细弱、果穗瘦小、籽粒干瘪、产量降低；同时病株抗性降低，易被镰孢菌等病原菌侵入，引起早衰、倒伏等造成更大的损失。

该类病害的病原菌多数可通过气流、风雨远距离传播。条件适宜时，病原菌从侵入到再产生分生孢子传播为害仅需要几天时间，易在生产上造成大面积暴发流行。

该类病害主要发生在玉米生长后期，此时植株高大，田间郁闭，施药困难，所以，最有效的防治方法是种植抗病品种，其次加强田间管理，健康栽培，能提高植株的抗病或耐病能力。主要包括大斑病、小斑病、南方锈病、弯孢菌叶斑病、灰斑病、褐斑病、圆斑病等。

（一）大斑病

1. 分布与为害

玉米大斑病属于气流传播病害，在我国分布广泛，在东北、华北北部、西南地区等气候冷凉的玉米产区发病较重。发病严重的植株叶片上产生大量病斑，影响光合作用，造成籽粒灌浆不足，粒重降低而导致产量损失。一般发生年份可造成减产5%左右，发生严重年份，感病品种造成的减产可达20%以上。

2. 形态特征

玉米大斑病主要为害叶片，严重时也为害叶鞘和苞叶。植株下部叶片先发病，然后向上扩展。病斑长梭形，呈灰褐色或黄褐色，长5~10厘米、宽1厘米左右，有的病斑更大，或几个病斑相连成大的不规则形枯斑，严重时叶片枯焦。发生在感病品种上，先出现水渍状斑，很快发展为灰绿色的小斑点，病斑沿叶脉迅速扩展并不受叶脉限制，形成长梭形、中央灰褐色、边缘没有典型变色区域的大型病斑。多雨潮湿天气，病斑上可密生由病原孢子组成的灰黑色霉层。发生在抗病品种上，病斑沿叶脉扩展，表现为褐色坏死条纹，周围有浅黄色或淡褐色褪绿圈，不产生或极少产生孢子。

3. 发生规律

玉米大斑病病菌以其休眠菌丝体或分生孢子在病残体内越冬，成为翌年发病的初侵染源。玉米生长季节，越冬菌源产生孢子，随雨水飞溅或气流传播到玉米叶片上，遇适宜温度、湿度萌发入侵；经10~14天，便可产生大量分生孢子。以后，分生孢子随风雨传播，重复侵染，造成病害流行。夏玉米7月中旬田间始见病斑。

该病的发病适温为20~25℃，28℃以上的温度对病害有抑制作用；发病适宜的相对湿度在90%以上。因此，在7—8月，温度偏低、多雨高湿、日照不足时，有利于病害的发生流行。北方6—8月气温大多适于发病，降水量是发病轻重的决定因素。

玉米播种过晚、出穗后氮肥不足、玉米连作、栽培过密、地势低洼，均有利于病害的发生流行。

4. 绿色防控技术

（1）选种抗耐病品种，注意品种的合理搭配与轮换，避免品种单一化。

（2）实行轮作倒茬，避免玉米连作，清除病残株及田边、村边的玉米秸秆，秋季深翻土壤，减少菌源。

（3）加强栽培管理。施足基肥，增施磷、钾肥，生长中期追施氮肥，保证后期不脱肥，提高玉米植株抗病能力；合理灌溉，注意排水。

（4）在心叶末期到抽雄期或发病初期，每亩喷洒200亿芽孢/毫升枯草芽孢杆菌可分散油悬浮剂70~80毫升，或用农用抗生素120水剂200倍液，隔10天防一次，连续防治2~3次。

（5）在玉米抽雄前后或发病初期，每亩用18.7%丙环·嘧菌酯悬乳剂50~75克，或70%丙森锌可湿性粉剂100~150克，或45%代森铵水剂75~100克，或30%吡唑醚菌酯悬浮剂30~40毫升，或30%肟菌·戊唑醇悬浮剂35~45毫升，加水50千克喷雾，隔7~10天喷药1次，共防治2~3次。

（二）小斑病

1. 分布与为害

玉米小斑病又名玉米斑点病，是玉米生产中的重要病害之一，在我国分布广泛，主要发生在温暖潮湿的夏玉米种植区，感病品种在一般发生年份减产10%以上，大流行年份可减产20%~30%。

2. 形态特征

玉米小斑病从苗期到成熟期均可发生，玉米抽雄后发病重。该病主要为害叶片，也为害叶鞘和苞叶。与玉米大斑病相比，该病叶片上的病斑明显小，但数量多。病斑初为水浸状，后变为黄褐色或红褐色，边缘颜色较深，呈椭圆形、圆形或长圆形。病斑密集时常互相连接成片，形成大型枯斑。病斑多从植株下部叶片先出现，向上蔓延、扩展。叶片病斑形状因品种抗性不同，有以下三种类型。

（1）不规则椭圆形病斑，或受叶脉限制表现为近长方形，有较明显的紫褐色或深褐色边缘。

（2）椭圆形或纺锤形病斑，扩展不受叶脉限制，病斑较大，灰褐色或黄褐色，无明显深色边缘，病斑上有时出现轮纹。

（3）黄褐色坏死小斑点，基本不扩大，周围有明显的黄绿色晕圈，此为抗性病斑。

3. 发生规律

玉米小斑病病菌主要以菌丝体在病残体上越冬，其次是在带病种子上越冬。越冬菌源产生分生孢子，随气流传播到玉米植株上，在叶面有水膜的条件下萌发侵入，遇到适宜发病的温度、湿度条件，经 5~7 天即可重新产生分生孢子进行再侵染，造成病害流行。在田间，最初在植株下部叶片发病，然后向周围植株水平扩展、传播扩散，病株率达到一定数量后，病情向植株上部叶片扩展。

该病病菌产生分生孢子的适宜温度为 23~25℃，适于田间发病的日均温度为 25.7~28.3℃。7—8 月，如果月均温度在 25℃ 以上，雨日、雨量、露日、露量多的年份和地区，或结露时间长，田间相对湿度高，则发生重。该病对氮肥敏感，拔节期肥力低，植株生长不良，发病早且重。连茬种植、施肥不足，特别是抽雄后脱肥、地势低洼、排水不良、土质黏重、播种过迟等，均利于该病发生。

4. 绿色防控技术

玉米小斑病是气流传播、多次侵染的病害，且越冬菌源广泛，故应采用以抗病品种为主，结合栽培技术防病的综合措施进行防治。

（1）种植抗病品种。因地制宜，选种抗病自交系和杂交品种。

（2）加强田间管理。玉米收获后，彻底清除田间病残株，减少菌源；摘除下部老叶、病叶，降低田间湿度，减少再侵染菌源；深耕土壤，高温沤肥，杀灭病菌；施足底肥，增施磷肥、钾肥，重施喇叭口肥；及时中耕灌水，增强植株抗病力。

（3）可在心叶末期到抽雄期或发病初期，每亩喷洒 200 亿芽孢/毫升枯草芽孢杆菌可分散油悬浮剂沤制成的农家肥 70~80 毫升，或农用抗生素 120 水剂 200 倍液，隔 10 天防 1 次，连续防治 2~3 次。

（4）在玉米抽穗前后，病情扩展前开始喷药。喷药时先摘除基部病叶。所用药剂参见玉米大斑病化学防治。

（三）玉米锈病

1. 分布与为害

常见玉米锈病有南方锈病和普通锈病两种，我国北方夏玉米种植区主要为普通锈病，南方鲜食玉米种植区主要感染南方锈病。发病后，叶片被橘黄色的夏孢子堆所覆盖，导致叶片干枯死亡，轻者减产 10%~20%，重者达

30%以上，严重地块甚至绝收。

2. 形态特征

玉米锈病主要发生在玉米叶片上，也能够侵染叶鞘、茎秆和苞叶。侵染初期，叶片两面初生淡黄白色小斑，四周有黄色晕圈，后凸起形成黄褐色乃至红褐色疱斑，散生或聚生，圆形或长圆形，即病菌的夏孢子堆。孢子堆将叶片表皮撑破裂后，散出铁锈状夏孢子。后期病斑或其附近又出现黑色疱斑，即病菌的冬孢子堆，长椭圆形，疱斑破裂散出黑褐色粉状物。

3. 发生规律

在南方温暖地区玉米锈病病菌以夏孢子在玉米植株上越冬，翌年借气流传播，成为初侵染源。田间叶片染病后，产生的夏孢子又可在田间借气流传播，进行多次再侵染，蔓延扩展。田间发病时，先从植株顶部开始向下扩展。

高温高湿或连阴雨天气有利于孢子的萌发、传播、侵染，发病重。日均温度在27℃时最适宜发病。地势低洼、种植密度大、通风透气性差、偏施氮肥的地块发病重。品种间抗病性差异很大，品种的叶色、叶毛的多少与病害轻重有关，一般叶色黄、叶片少的品种发病重。

4. 绿色防控技术

（1）选用抗病品种。不同品种对玉米锈病抗性有较大的差异。

（2）清除田间病残体，集中深埋或烧毁。在玉米普通锈病发生较重的种植区，要注意清除田间酢浆草，减少病菌中间寄主，降低初侵染源。

（3）加强田间管理。适当早播；施用酵素菌沤制的堆肥，增施磷肥、钾肥，避免偏施、过施氮肥，提高植株抗病力；合理密植，中耕松土，适量浇水，雨后及时排渍降湿。

（4）黄粉虫体内提取的抗菌物质对玉米锈病有较好的防治效果，该提取物可开发为生物杀菌剂以替代化学杀菌剂，用于玉米锈病的生物防治。

（5）在发病初期，喷洒25%三唑酮可湿性粉剂800~1 000倍液，或12.5%烯唑醇可湿性粉剂1 000~1 500倍液，或25%丙环唑乳油1 500倍液，或80%戊唑醇可湿性粉剂6 000倍液，隔10天左右1次，连续防治2~3次。

(四) 玉米褐斑病

1. 分布与为害

玉米褐斑病在全国各玉米产区均有发生,其中在河北、山东、河南、安徽、江苏等省为害较重。该病主要发生在玉米生长中后期,一般对产量影响不显著,但在一些感病品种上该病发生严重,常导致玉米前期病叶快速干枯,造成产量损失。

2. 形态特征

褐斑病在整个玉米生长期间均可发病,一般从6叶期开始到抽穗期为显症高峰期。病斑主要发生在果穗以下的叶鞘和叶片上,以叶鞘和叶片连接处发生最多,常密集成行,严重时也侵害茎节和苞叶。病菌的初次侵染发生在小喇叭口期,在叶片上常见与叶片主脉相垂直的带状褪绿感病区,对应的主脉上生褐色隆起斑点,内有大量黄褐色粉状物,是病菌的休眠孢子囊;叶片上病斑初期为水浸状小点,逐渐变为浅黄色,呈圆形或椭圆形;在主叶脉上病斑较大,深褐色;由于病斑密布叶片,常导致叶片干枯。茎秆和果穗下方叶鞘上病斑出现较晚,为褐色、红褐色或深褐色,病斑较大,有时相连成不规则的大块斑。发病后期病斑表皮破裂,散出黄褐色粉末(病原菌的休眠孢子囊),病叶局部散裂,叶脉和维管束残存如丝状。

3. 发生规律

玉米褐斑病病菌以休眠孢子囊在土壤或病残体中越冬,翌年病菌靠气流传播到玉米植株上,遇到合适条件,休眠孢子囊萌发,囊盖打开,释放出大量的游动孢子,游动孢子在玉米叶片表面上的水滴中游动,并形成侵染丝,侵害玉米的幼嫩组织。夏玉米区一般6月中旬至7月上旬,遇阴雨天数多、降水量大时易感病;7—8月若温度高、湿度大,阴雨天较多时,利于该病发展蔓延。在土壤瘠薄的地块,玉米叶色发黄,病害发生严重;在土壤肥力较高的地块,玉米健壮,叶色深绿,病害较轻甚至不发病。一般在玉米8~12片叶时易发病,12片叶以后一般不会再发生此病害。品种间发病程度差异较大。

4. 绿色防控技术

(1) 选种抗耐病品种。生产上应以种植抗(耐)病性强的品种为主。

(2) 加强栽培管理,培育壮苗,增强植株抗病能力。适期早播;合理密植,大穗品种亩种植3 500株左右,耐密品种不超过5 000株;施足基肥,适时追肥，提倡施用酵素菌沤制的堆肥或充分腐熟的有机肥，一般应在4~5片叶期追施苗肥，每亩可追施尿素（或氮磷钾复合肥）10~15千克；及时中耕锄草培土，摘除底部2~3片叶，提高田间通透性，及时排出田间积水，降低田间湿度，促进植株健壮生长，提高抗病能力。

（3）合理轮作和清除田间病茬，减少菌源。有条件的地区，可实行3年以上玉米与豆类、花生等作物的轮作；玉米收获后，彻底清除病残体，并深翻土壤，促使带菌秸秆腐烂，减少翌年的侵染菌源。

（4）在玉米4~5片叶期，用80%代森锰锌可湿性粉剂，或25%三唑酮可湿性粉剂1 500倍液叶面喷雾，可预防该病的发生；发病时，可用80%代森锰锌可湿性粉剂1 000~1 500倍液，或50%异菌脲可湿性粉剂1 000~1 500倍液，或12.5%烯唑醇可湿性粉剂1 000~1 500倍液，或50%多菌灵可湿性粉剂500倍液喷雾。可在药液中适当加入磷酸二氢钾、磷酸二铵水溶液等叶面肥，促进玉米生长，提高抗病能力。多雨年份应间隔5~7天喷1次药，连喷2~3次，喷后6小时内遇降雨应在雨后补喷。

（五）玉米纹枯病

1. 分布与为害

玉米纹枯病在我国玉米种植区普遍发生。随着玉米种植面积的扩大和高产密植栽培技术的推广，该病发展蔓延较快，为害日趋严重。该病主要发生在玉米生长后期，为害玉米植株近地表的茎秆、叶鞘甚至雌穗，常引起茎基腐败，输导组织破坏，影响水分和营养的输送，因此常造成严重的经济损失。

2. 形态特征

玉米纹枯病主要为害叶鞘，其次是叶片、果穗及其苞叶。发病严重时，能侵入坚实的茎秆，但一般不引起倒伏。最初茎基部叶鞘发病，后病菌侵染叶片，向上蔓延。发病初期，叶鞘先出现水渍状灰绿色的圆形或椭圆形病斑，逐渐变成白色至淡黄色，后期变为红褐色云纹斑块。叶鞘受害后，病菌常透过叶鞘而为害茎秆，形成下陷的黑褐色斑块。发病早的植株，病斑可以沿茎秆向上扩展至雌穗的苞叶并横向侵染下部的叶片。湿度大时，病斑上常出现很多白霉，即菌丝和担孢子。温度较高时或植株生长后期，不适合病菌扩大为害，即产生菌核。菌核初为白色，老熟后呈褐色。当环境条件适宜，病斑迅速扩大发展，叶片萎蔫，植株似开水烫过一样呈暗绿色腐烂而枯死。

3. 发生规律

玉米纹枯病属于土传病害，以菌核遗留在土壤中，以菌丝、菌核在病残体上越冬。菌核萌发产生菌丝或以病株上存活的菌丝接触寄主茎基部而入侵，表面形成病斑后，病菌气生菌丝伸长，向上部叶鞘发展，病菌常透过叶鞘而为害茎秆，形成下陷的黑色斑块。湿度大时，病斑长出许多白霉状菌丝和担孢子，担孢子借风力传播造成再次侵染。病菌可通过表皮、气孔和自然孔口三种途径侵入寄主，其中以表皮直接侵入为主。

该病是靠接触蔓延、短距离传染的病害。病害流行与气候、品种、种植密度、肥水条件和地势等因素有关，其中气候因素对该病的发展有重要影响。该病发生的最低温度为13~15℃，最适温度为20~26℃，最高温度为29~30℃。病害发生期内，雨水多、湿度大，病情发展快；而少雨低湿则明显抑制病害发展。玉米苗期很少发病，喇叭口期至抽雄期是发病始期，抽雄期病害开始扩展蔓延，灌浆至成熟期发展速度逐渐增快，是该病为害的关键时期。

4. 绿色防控技术

（1）选用抗病或耐病品种。

（2）减少田间菌源。重病田块实行轮作倒茬，避免重茬、迎茬种植；清除田间病株残体，集中烧毁，深翻土壤，消除菌核。

（3）加强栽培管理。选择适当的播期，避免病害的发生高峰期（孕穗到抽穗期）与雨季相遇；发病初期，摘除病叶；合理密植，或高矮秆作物间作套种、宽窄行种植，注意田间通风透光；田间开沟排水，降低湿度。增施有机肥，实行配方施肥，避免氮肥施用过量，以提高植株的抗病能力。

（4）发病早期，每亩用16%井冈霉素可溶粉剂50~60克，或井冈霉素·蜡芽菌悬浮剂20~26克，或200亿芽孢/毫升枯草芽孢杆菌可分散油悬浮剂70~80毫升，兑水50千克喷雾，隔7~10天再喷1次。木霉对玉米纹枯病有良好的防治效果，后续可开发利用。

（5）浸种灵按种子重量的0.02%拌种后堆闷24~48小时再播种，或用2%戊唑醇悬浮种衣剂进行拌种处理。

（6）在发病初期，每亩用5%的井冈霉素可湿性粉剂200克拌入过筛灭菌细土20千克，点入玉米喇叭口内。

（7）发病早期重点防治玉米茎基部，保护叶鞘，喷药前将已感病的叶片及叶鞘削去,每亩用 30%苯甲·丙环唑乳油 10~20 克,15%井冈霉素·三唑酮可湿性粉剂 100~130 克,兑水 50 千克喷雾。

(六) 玉米粗缩病

1. 分布与为害

该病害在整个生育期均可发病,侵染越早症状表现越明显,苗期感病受害最重,症状一般出现在 5~6 叶期,故暂时将其归纳在叶部病害。它是由灰飞虱传播的病毒病,在我国局部地区发生严重,已成为玉米产区的主要病害。多数发病植株不结穗,发病率几乎等同于损失率,对产量影响很大。

2. 形态特征

在心叶基部中脉两侧的细脉上出现透明的虚线状褪绿条纹,即明脉。病株的叶背、叶鞘及苞叶的叶脉上具有粗细不一的蜡白色条状突起,用手触摸有明显的粗糙不平感,成为脉突;叶片宽短,厚硬僵直,叶色浓绿,顶部叶片簇生。病株生长受到抑制,节间粗肿缩短,严重矮化。病株根系少而短,不及健株的一半,很容易从土中拔起。发病轻的植株雄穗发育不良,散粉少,雌穗短,结实少;发病重的植株雄穗不能抽出,雌穗畸形不实或籽粒很少。

3. 发生规律

病毒寄主范围十分广泛,主要侵染禾本科植物,如玉米、小麦、水稻、高粱等。玉米 5 叶期前易感病,10 叶期抗病性增强。

4. 绿色防控技术

(1) 选用抗病品种。

(2) 加强栽培管理。

(3) 减少田间毒源。

(4) 将灰飞虱消灭在虫源地。

(5) 药剂拌种或包衣。

(6) 苗期,每亩用 10%吡虫啉可湿性粉剂,或 5%啶虫脒可湿性粉剂 20 克,加水 50 千克喷雾,每 7~10 天喷 1 次,连喷 2~3 次;发病初期,每亩用 5%氨基寡糖素水剂 75~100 克,或 6%低聚糖素水剂 60~85 克,加水 50 千克喷雾防治;也可用 20%盐酸吗啉胍·乙酸铜可湿性粉剂或 1.8%宁南霉素水剂 250 倍液,叶面喷雾。

二、穗部病害

该类病害为害果穗上或在果穗上表现症状，直接降低玉米的籽粒产量或品质。如丝黑穗病、疯顶病的发病率就是产量损失率。穗腐或瘤黑粉病造成的果穗霉变，直接减少籽粒的产量，同时还会产生毒素，人、畜取食后引起中毒，造成更大的危害。该类病害易防难治，种植抗病品种是最好的防治方法。

（一）丝黑穗病

1. 分布与为害

玉米丝黑穗病又称乌米病、哑玉米病，我国玉米产区几乎均有发生，以东北、西北、华北和南方冷凉山区的连作玉米田块发病较重。玉米丝黑穗病为害严重，一般田块发病率为2%~8%，重病田发病率高达60%~70%。由于玉米丝黑穗病直接导致果穗全部受害，发病率几乎等同于损失率，一旦发生对产量影响较大。

2. 形态特征

玉米丝黑穗病是苗期的一种系统性侵染病害，病菌侵染种子萌发后产生的胚芽，菌丝进入胚芽顶端分生组织后随生长点生长，但直到穗期才能在雄穗和雌穗上见到典型症状。病株雌穗短粗，外观近球状，无花丝，苞叶正常，剥开苞叶可见雌穗内部组织已全部变为黑粉，黑粉内有一些丝状的植物维管束组织，因此称为丝黑穗病。在后期，雌穗苞叶自行裂开，散出大量黑粉。有的雌穗受害后，过度生长，但无花丝，不结实，顶部为刺状。雄穗受害后，整个小花变为黑粉包，抽雄后散出大量黑粉。有的雄穗受病原菌刺激后畸形生长。在被严重侵染的植株上，还可见叶片出现破溃的孔洞或瘤状突起，突起破裂后散出黑粉即冬孢子。病原菌侵染也会使一些植株在苗期就出现分蘖。

3. 发生规律

玉米丝黑穗病病菌以散落在土中、混入粪肥或黏附在种子表面的冬孢子越冬，成为翌年的初侵染源，其中土壤带菌在侵染循环中最重要。冬孢子在土壤中能存活2~3年，结块的冬孢子比分散的存活时间更长。种子带菌是远距离传播的重要途径，但田间传病作用显著低于土壤和粪肥。玉米在3叶期以前是病菌的主要侵染时期，7叶期后病菌不再侵染玉米。

该病发病程度主要取决于品种抗病性、菌源数量及土壤环境。玉米不同品种对丝黑穗病菌的抗性有明显差异。连作地发病重,轮作地发病轻。玉米播种至出苗期间的温度、湿度与发病关系密切,土壤温度在15~30℃利于病菌侵入,25℃最为适宜,20%的湿度条件发病率最高。另外,播种过深、种子生活力弱时发病重。

4. 绿色防控技术

(1) 种植抗病品种。种植抗病品种是防治玉米丝黑穗病的根本措施,一般杂交种比其亲本自交系或一般品种较抗病;硬粒型玉米较抗病,甜玉米较易感病。雌穗的苞叶厚、长、紧密的较抗病;反之,苞叶包不紧的易感病。

(2) 轮作倒茬。进行轮作倒茬是防治该病的首要措施,尤其是重病区至少要实行3~4年的轮作倒茬。

(3) 消灭病菌来源。苗期结合田间管理拔除病株,拔节至成熟期发现病株及早拔除并带出田外集中销毁或深埋;玉米收获后应彻底清除田间植株病残体,进行深秋翻耕,可减少初次侵染来源;秸秆用作肥料时要充分腐熟,防止病原菌冬孢子随粪肥传病。

(4) 加强栽培管理。适期播种,播种要深浅适宜;合理密植,增加光照,增强玉米抗逆性;加强肥水管理,增施磷、钾肥,适当施用含锌、含硼的微肥,避免偏施氮肥,防止植株贪青徒长;抽雄前后适时灌溉,防止干旱;加强玉米螟等害虫的防治,减少虫伤口和机械损伤。

(5) 用药剂处理种子可有效防止土壤中病菌对种子胚芽的侵染。可用6%戊唑醇悬浮种衣剂以种子重量的0.4%进行拌种,或15%三唑酮可湿性粉剂以种子重量的0.1%~0.2%拌种,或40%萎锈·福美双悬浮剂以种子重量的0.4%~0.5%进行拌种。

(6) 病害常发区,在发病前用三唑酮、烯唑醇、福美双等杀菌剂对植株喷药,以降低发病率。

(二) 穗腐病

1. 分布与为害

玉米穗腐病又称赤霉病、果穗干腐病,为多种病原菌侵染引起的病害,我国各玉米产区都有发生,特别是多雨潮湿的西南地区发生严重。引起穗腐病的黄曲霉菌可产生有毒代谢产物黄曲霉毒素,对人、家畜、家禽健康有严重危害。

2. 形态特征

该病发生时玉米雌穗及籽粒均可受害，被害雌穗顶部或中部变色，并出现粉红色、蓝绿色、黑灰色或暗褐色、黄褐色霉层，即病原菌的菌丝体、分生孢子梗和分生孢子，可扩展到雌穗的 1/3~1/2 处，多雨或湿度大时可扩展到整个雌穗。病粒无光泽、不饱满、质脆、内部空虚，常为交织的菌丝所充塞。雌穗病部苞叶常被密集的菌丝贯穿，黏结在一起贴于雌穗上不易剥离；仓储玉米受害后，粮堆内外则长出疏密不等、不同颜色的菌丝和分生孢子，并散出发霉的气味。

3. 发生规律

玉米穗腐病病菌在种子、病残体上越冬，病菌主要从伤口侵入，分生孢子借风雨传播。温度在 15~28℃，相对湿度在 75% 以上，有利于病菌的侵染和流行；玉米灌浆成熟阶段如果遇到连续阴雨天气，发生严重；高温多雨以及玉米虫害发生偏重的年份，穗腐和粒腐病发生较重。玉米粒没有晒干，入库时含水量偏高，以及贮藏期仓库密封不严，库内温度高，也利于各种霉菌腐生蔓延，引起玉米粒腐烂或发霉。

花丝多、苞叶长而厚、穗轴含水量高、籽粒排列紧密、水分散失慢的玉米品种易感病；花丝少、苞叶薄、雌穗顶部籽粒外露、收获前雌穗已成熟下垂，雨水不易淋入的品种抗病性较强；地膜覆盖和适期早播的地块发病轻。

4. 绿色防控技术

（1）选用抗病品种。玉米品种对穗腐病有明显的抗病性差异，果穗苞叶紧、不开裂的品种一般发病较轻。表现较好的杂交种或自交系，在生产上种植后，起到一定的防病效果。

（2）减少田间菌源。收获时清除病穗，减少来年田间侵染源；连年发病严重的重病田应实行轮作制度，避免病菌连年积累。

（3）适期早播，合理密植。适期早播，促进早熟；控制种植密度。

（4）加强栽培管理。与矮棵作物间作，以改善田间通风透光条件，降低湿度；合理施肥，玉米拔节或孕穗期增施钾肥或氮、磷、钾肥配合施用，防止后期脱肥，增强抗病力。

（5）加强贮藏管理。成熟后要及时采收，剥掉苞叶充分晒干，或脱粒后烘干，入仓贮存，避免储粮中的病菌污染。

（6）井冈霉素对由赤霉菌引发的玉米穗腐病具有较强的防治作用，可在玉米大喇叭口期每亩用20%井冈霉素200克喷施于果穗上。链霉菌对玉米种子所携带的多种病菌有较好的抑制作用。

（三）瘤黑粉病

1. 分布与为害

玉米瘤黑粉病是玉米生产中的重要病害之一，在我国普遍发生。一般北方比南方、山区比平原发生普遍且严重。发病时病菌侵染玉米茎秆、果穗、雄穗、叶片等幼嫩部位，形成的黑粉瘤消耗大量的养分，导致植株空秆、不结实、籽粒发育不良或雄花不散粉，严重时可造成30%~80%的产量损失。

2. 形态特征

玉米瘤黑粉病是局部侵染病害。玉米气生根、茎、叶、叶鞘、雄穗及雌穗等任何地上部分的幼嫩组织均可被侵染为害。被侵染的组织因病菌代谢物的刺激而肿大成菌瘿，外包有由寄主表皮组织所形成的薄膜，为白色或淡紫红色，后期变为黑灰色，农民称之为"长蘑菇"。菌瘿成熟后散发出大量黑粉（冬孢子）。田间幼苗高0.3米左右时即可发病，多在幼苗基部或根茎交界处产生菌瘿。病苗扭曲皱缩，叶鞘及心叶破裂，严重的会出现早枯。叶片或叶鞘被侵染时，所形成的菌瘿一般有豆粒或花生粒大小；茎或气生根被侵染时，所形成的菌瘿如拳头大小，如在玉米顶部可引起玉米弯曲；雌穗被侵染，多在果穗上中部或个别籽粒上形成菌瘿，严重的全穗形成大而畸形的菌瘿。

3. 发生规律

病菌以冬孢子在土壤中、病残体上，或混在粪肥、黏附在种子表面越冬，成为初侵染源。种子表面带菌，有利于病害的远距离传播。越冬的冬孢子在条件适宜时产生担孢子和次生担孢子，经风雨传播到玉米的幼嫩组织上，萌发并直接穿透寄主表皮或经由伤口侵入。菌丝在组织中生长发育，并产生一种类似生长素的物质，刺激局部组织的细胞旺盛分裂，逐渐肿大成菌瘿，菌瘿内产生大量的冬孢子，随风雨传播，进行再侵染。在玉米的生育期内，可进行多次侵染，在抽穗前后1个月内为该病的盛发期。该病发病与品种抗病性、菌源数量和环境条件有关。

4. 绿色防控技术

（1）选用抗病品种。一般雌穗苞叶长紧的品种较抗病，甜玉米较易感病。

(2) 减少田间菌源。最好进行轮作；田间发病株要及早割除，带出田外，减少菌源。

(3) 加强栽培管理。合理密植，均匀施肥，防干旱、积水；注意防治玉米螟等虫害，减少伤口。

(4) 种子可进行包衣。

(5) 在玉米抽雄前喷50%多菌灵可湿性粉剂，或50%福美双可湿性粉剂500倍液，连续防治1~2次，可有效减轻病害。

三、根茎部病害

该类病害基本上都是由多种病原菌单独或复合侵染引起，病原菌种类复杂，并可在土壤、种子、病残体上存活和传播。根茎部病害在苗期发生，常会造成缺苗断垄，即使进行有效挽救处理，也会造成小苗和弱苗，从而影响产量。如果在生长后期发生，则会造成植株的过早死亡，影响玉米籽粒的灌浆和千粒重，直接影响产量。

(一) 玉米青枯病

1. 分布与为害

青枯病又称茎基腐病或茎腐病，在我国玉米各种植区均有发生，局部地区为害严重，一般年份发病率为5%~20%，严重时可达到60%以上。

2. 形态特征

青枯病一般在玉米灌浆期开始发病，乳熟末期至蜡熟期为显症高峰。感病后最初表现为萎蔫，以后叶片自下而上迅速失水枯萎，叶片呈青灰色或黄色，逐渐干枯，表现为青枯或黄枯。病株雌穗下垂，穗柄柔韧，不易剥落，籽粒瘪瘦。茎基部1~2节呈褐色失水皱缩，变软，髓部中空，或茎基部2~4节有梭形或椭圆形水浸状病斑，绕茎秆逐渐扩大，变褐腐烂，易倒伏。

3. 发生规律

引起青枯病的病原菌种类很多，在我国主要为镰刀菌和腐霉菌。镰刀菌以分生孢子或菌丝体、腐霉菌以卵孢子在病残体内外及土壤内存活越冬。带病种子是翌年的主要侵染源。病菌借风雨、灌溉、机械、昆虫携带等途径传播，通过根部或根茎部的伤口侵入或直接侵入玉米根系或植株近地表组织并进入茎节，导致营养和水分输送受阻，叶片青枯或黄枯、茎基缢缩、雌穗倒挂、整株枯死。种子带菌可以引起苗枯。

玉米籽粒灌浆和乳熟阶段遇较强的降水，或雨后暴晴、土壤湿度大、气温剧升等，往往导致该病暴发成灾。雌穗吐丝期至成熟期，降水多、湿度大，发病重；沙土地、土地瘠薄、排灌条件差、玉米生长弱的田块发病较重；连作、早播发病重。玉米品种间抗病性存在明显差异。

4. 绿色防控技术

（1）选用抗病或耐病品种。不同品种间青枯病发生程度显著不同。

（2）减少田间菌源。合理轮作，减少重茬，防止土壤中病原菌积累；收获时避免秸秆还田，清除田间内外病残组织，集中烧毁，深翻土壤，减少侵染源。

（3）加强栽培管理。适期晚播能有效减轻该病害发生；苗期注意蹲苗，促进根系生长发育，增强根系抗侵染能力；在玉米生长后期，控制土壤水分，避免田间积水。

（4）绿木霉菌和Bt细菌对由瓜果腐霉菌和禾谷镰刀菌引起的玉米青枯病有较明显的防效。可采用Bt细菌拌种、绿木霉菌拌种或绿木霉菌穴施配合Bt细菌拌种进行生物防治。

（5）每10千克种子用2.5%咯菌腈悬浮种衣剂10~20克，或20%福·克悬浮种衣剂222.2~400.0克，或3.5%咯菌·精甲霜悬浮种衣剂10~15克，进行种子包衣。

（6）药剂防治。玉米抽雄期至成熟期是防治该病的关键时期，病害发生初期可以用50%多菌灵可湿性粉剂600倍液，或25%甲霜灵可湿性粉剂500倍液喷淋根基，间隔7~10天喷一次，连喷2~3次。

（二）细菌性茎腐病

1. 分布与为害

玉米细菌性茎腐病在我国一些玉米种植区偶有发生。浙江地区雨水多的年份，发生严重。细菌侵染植株后，常在玉米的生长前期或中期引起茎节腐烂，导致茎秆折断，造成直接的生产损失。

2. 形态特征

玉米细菌性茎腐病主要为害玉米中部茎秆和叶鞘。在茎秆上产生水浸状腐烂，腐烂部位扩展较快，造成髓组织分解，茎秆因此折断。在发病部位，病菌繁殖快并大量分解组织而产生恶臭味。叶鞘也会受到侵染，病斑不规则，边缘呈红褐色。当条件适宜，病菌可以通过叶鞘侵染雌穗，在雌穗苞叶上产生与叶鞘上相同的病斑。有时茎秆上的发病部位可以靠近茎基部。发生在茎秆中上部会造成雌穗穗柄腐烂而严重影响雌穗的生长。

3. 发生规律

病菌在土壤表面未腐烂的病残体上越冬，翌年从植株的气孔或伤口侵入。玉米组织柔嫩时易发病，害虫为害造成的伤口有利于病菌侵入，害虫携带病菌同时起到传播和接种的作用，如玉米螟等虫口数量大，则该病发病重。

高温高湿利于发病，日平均温度30℃左右，相对湿度高于70%即可发病；日均温度34℃，相对湿度80%则扩展迅速。玉米常年连作地更易发病，地势低洼或排水不良、密度过大、通风不好、氮肥施用过多时发病也会重。

4. 绿色防控技术

同玉米青枯病。

(三) 玉米苗枯病

1. 分布与为害

在我国许多玉米种植区都有发生，部分地区某些年份发生严重。近年来，由于土壤中病菌的积累，苗枯病的发生范围进一步扩大，发病逐渐加重，田间病株率一般为10%，重病田可达60%以上，对产量有一定的影响。

2. 形态特征

种子发芽后，病原菌侵染主根，种子根和根尖处首先变褐，随后病害扩展导致根系发育不良或根毛减少，次生根少或无，逐渐造成根系发病变成红褐色，发病部位向上蔓延，侵染胚轴和茎基节，并在茎的第1节间形成坏死斑，叶片黄化、叶边缘焦枯。当病害发展迅速时，常常导致植株叶片发生萎蔫，全株青枯死亡。剖开茎节，可以看到维管束组织被侵染后变成褐色。

3. 发生规律

引起玉米苗枯病的病原主要是串珠镰刀菌，该病以土壤传播为主，种子也可以带菌传播，4—5月气候温暖，土壤升温快，幼苗发病轻，地势低洼、土壤黏重且湿度大，不利于幼苗根系发育，使植株抗病力下降，发病严重。

4. 绿色防控技术

(1) 选用抗病品种。

(2) 减少田间菌源。实行轮作，尽可能避免连作；及时清除田间病株，减少菌源。

（3）严格掌握播种深度。

（4）加强栽培管理。深耕灭茬，平整土地，促进根系发育，增强植株抗病力；合理施肥，增施腐熟的有机肥料，雨后及时划锄，打破土壤板结，增强土壤通气性，促进根系发育，提高抗病能力。

（5）播种前或翻晒后的种子用75%百菌清可湿性粉剂，或50%多菌灵可湿性粉剂，或80%代森锰锌可湿性粉剂拌种，或进行包衣，提高抗病性。

（6）发病初期选择50%多菌灵600倍液，或70%甲基硫菌灵800倍液，或58%锰锌·甲霜灵500倍液，对苗基部进行喷雾或灌根，每隔5~7天喷1次，连续喷施2~3次，可有效防治苗枯病。喷药的同时可加入黄腐酸盐或磷酸二氢钾等营养调节剂，以增强植株抗逆力和抗病力。

第三节 玉米虫害

玉米生育期内不同阶段均会受到害虫危害，主要包括地老虎、蛴螬、蝼蛄等地下害虫；蚜虫、蓟马等刺吸式害虫；玉米螟、草地贪夜蛾等食叶害虫。

一、地下害虫

（一）地老虎

1. 分布与为害

地老虎又名土蚕、地蚕、黑土蚕、黑地蚕，属鳞翅目夜蛾科，主要种类有小地老虎、黄地老虎、大地老虎和八字地老虎等。地老虎食性较杂，可为害玉米、棉花、烟草和多种蔬菜等春播作物，也取食藜、小蓟等杂草，是多种作物苗期的主要害虫。

幼虫在土中咬食种子、幼芽，老龄幼虫可将幼苗茎基部咬断，造成缺苗断垄，1、2龄幼虫啃食叶肉，残留表皮呈窗孔状。子叶受害，可形成很多孔洞或缺刻。1只地老虎幼虫可为害3~5株幼苗，多的达10株以上。

2. 形态特征

小地老虎成虫灰褐色，前翅有肾形斑、环形斑和棒形斑。肾形斑外边有

1个明显的尖端向外的楔形黑斑,亚缘线上有2个尖端向里的楔形斑,3个楔形斑相对,易识别。老熟幼虫头部褐色,有不规则褐色网纹,臀板上有2条深褐色纵纹。蛹第4~7节腹节基部有一圈刻点,在背面的大而深,末端具1对臀刺。黄地老虎成虫前翅黄褐色,有1个明显的黑褐色肾形斑和黄色斑纹。老熟幼虫体长33~45毫米,头部深黑褐色,有不规则深褐色网纹,臀板有2个大块黄褐色斑纹,中央断开,有分散的小黑点。大地老虎成虫前翅前缘棕黑色,其余灰褐色,有棕黑色的肾形斑和环形斑。老熟幼虫体长41~60毫米,黄褐色,体表多皱纹,臀板深褐色,布满龟裂状纹。

3. 发生规律

大地老虎1年发生1代,小地老虎和黄地老虎1年发生2~7代,以老熟幼虫或蛹越冬。成虫昼伏夜出,卵多散产在贴近地面的叶背面或嫩茎上,也可直接产于土表及残枝上。

4. 绿色防控技术

(1) 轮作倒茬,优化种植制度,调整茬口,合理轮作。

(2) 清洁田园。及时清除田间及周围的杂草、秸秆、残茬等。

(3) 加强田间管理。播种前精细整地,合理施肥,施用充分腐熟的有机肥。

(4) 毒土、毒饵诱杀。用50%辛硫磷乳油每亩50克,拌炒过的麦麸5千克,傍晚撒在作物行间。

(5) 诱杀成虫。利用黑光灯、糖醋液诱杀成虫。

(二) 蛴螬

1. 分布与为害

蛴螬是鞘翅目金龟甲总科幼虫的总称,在我国为害最重的种类是大黑鳃金龟、暗黑鳃金龟和铜绿丽金龟。大黑鳃金龟国内除西藏尚未报道外,各省(区)均有分布。暗黑鳃金龟各省(区)均有分布,为长江流域及其以北旱作地区的重要地下害虫。铜绿丽金龟国内除西藏、新疆尚未报道外,其他各省(区)均有分布。另外,还有白星花金龟、小青花金龟等。

蛴螬食性很杂,可以为害多种农作物、牧草及果树和林木的幼苗。蛴螬取食萌发的种子,咬断幼苗的根、茎,断口整齐平截,轻则缺苗断垄,重则毁种绝收。许多种类的成虫还喜食农作物和果树、林木的叶片、嫩芽、花蕾等,造成严重损失。

第四章　鲜食玉米主要病虫害防治技术

2. 形态特征

大黑鳃金龟成虫体色黑色或黑褐色，具光泽。卵初产时长椭圆形，白色略带黄绿色光泽，发育后期近球形，洁白有光泽。3龄幼虫头部前顶刚毛每侧3根，其中冠缝侧2根，额缝上方近中部1根。化蛹初期为白色，以后变成黄褐色至红褐色，复眼的颜色依发育进度由白色依次变为灰色、蓝色、蓝黑色至黑色。暗黑鳃金龟成虫暗黑色或红褐色，无光泽，前胸背板前缘具有成列的褐色长毛。卵初产时长椭圆形，发育后期近球形。3龄幼虫头部前顶刚毛每侧1根，位于冠缝侧，肛腹板后部覆毛区无刺毛列，只有散乱排列的钩状毛70~80根，蛹腹部背面具发音器2对。铜绿丽金龟成虫背面铜绿色，其中头、前胸背板、小盾片色较浓，鞘翅色较淡，有金属光泽。卵初产时椭圆形，孵化前呈球形，卵壳表面光滑。3龄幼虫头部前顶刚毛每侧6~8根，排成一纵列，肛腹板后部覆毛区刺毛列由长针状刺毛组成，每侧多为15~18根。蛹体稍弯曲，腹部背面有6对发音器。

3. 发生规律

大黑鳃金龟在我国仅华南地区一年发生1代，以成虫在土中越冬；其他地区均是两年发生1代，成虫、幼虫均可越冬，但在两年1代区，存在不完全世代现象。在北方越冬成虫于春季10厘米土温上升到14~15℃时开始出土，达17℃以上时成虫盛发。5月中下旬田间始见卵，6月上旬至7月上旬为产卵盛期，末期在9月下旬。卵期10~15天，6月上中旬开始孵化，盛期在6月下旬至8月中旬。孵化幼虫除极少一部分当年化蛹羽化，大部分当秋季10厘米土温低于10℃时，即向深土层移动，低于5℃时全部进入越冬状态。越冬幼虫翌年春季当10厘米土温上升到5℃时开始活动。大黑鳃金龟种群的越冬虫态既有幼虫又有成虫。以幼虫越冬为主的年份，翌年春季麦田和春播作物受害重，而夏秋作物受害轻；以成虫越冬为主的年份，翌年春季作物受害轻，夏秋作物受害重。出现隔年严重为害的现象，即常说的"大小年"。

暗黑鳃金龟在江苏、安徽、河南、山东、河北、陕西等地均是一年发生1代，多数以3龄幼虫筑土室越冬，少数以成虫越冬。以成虫越冬的，成为翌年5月出土的虫源。以幼虫越冬的，一般春季不为害，于4月初至5月初开始化蛹，5月中旬为化蛹盛期。蛹期15~20天，6月上旬开始羽化，盛期在6月中旬，7月中旬至8月上旬为成虫活动高峰期。7月初田间始见卵，盛期在7月中旬，卵期8~10天，7月中旬开始孵化，7月下旬为孵化盛期。初孵幼虫即可为害，8月中下旬为幼虫为害盛期。

铜绿丽金龟一年发生1代，以幼虫越冬。越冬幼虫在春季10厘米土温高于6℃时开始活动，3—5月有短时间为害。在安徽、江苏等地越冬幼虫于5月中旬至6月下旬化蛹，5月底为化蛹盛期。成虫出现始期为5月下旬，6月中旬进入活动盛期。产卵盛期在6月下旬至7月上旬。7月中旬为卵孵化盛期，孵化幼虫为害至10月中旬。当10厘米土温低于10℃时，开始下潜越冬。越冬深度大多在20~50厘米。室内饲养观察表明，铜绿丽金龟的卵期、幼虫期、蛹期和成虫期分别为7~13天、313~333天、7~11天和25~30天。在东北地区，春季幼虫为害期略迟，盛期在5月下旬至6月初。

4. 绿色防控技术

（1）土地翻耕。

（2）合理施肥，施肥时适当添加碳酸氢铵、腐殖酸铵等化学肥料，它们散发出的氨气对蛴螬等地下害虫有一定的趋避作用。

（3）合理灌溉。

（4）灯光诱杀。金龟子发生盛期，使用频振式杀虫灯连片规模设置，防治成虫效果极佳。

（5）信息素诱杀。金龟子发生盛期，在田间安置人工合成的金龟子信息素诱捕器，捕杀诱到的活虫。

（6）生物农药防治。培养大黑金龟乳状芽孢杆菌、苏云金杆菌、虫霉真菌盘状轮枝孢及绿僵菌和布氏白僵菌、昆虫病原线虫（异小杆科和斯氏线虫科），接种土壤内，使蛴螬感病致死。

（7）释放天敌。可以释放蛴螬天敌昆虫钩土蜂和食虫虻，控制蛴螬为害。

（三）玉米旋心虫

1. 分布与为害

玉米旋心虫分布在我国吉林、辽宁、山西等地，主要为害玉米、高粱、谷子等。该虫为害玉米时以幼虫在玉米苗茎基部蛀入，常造成花叶、枯心，叶片卷缩畸形，重者分蘖较多，植株畸形，不能正常生长。

2. 形态特征

老熟幼虫黄色，头部褐色，体共11节，各节体背排列着黑褐色斑点，前胸盾板黄褐色。中胸至腹部末端每节均有红褐色毛片，中、后胸两侧各有4个，腹部1~8节两侧各有5个。臀节臀板呈半椭圆形，背面中部凹下，腹面也有毛片突。卵椭圆形，卵壳光滑，初产黄色，孵化前变为褐色。蛹呈黄色，裸蛹，长6毫米。成虫全体密被黄褐色细毛，头部黑褐色、鞘翅绿色。前胸黄色，宽大于长，中间和两侧有凹陷，无侧缘。胸节和鞘翅上布满小刻点，鞘翅翠绿色，具光泽。足黄色。雌虫腹末呈半卵圆形，略超过鞘翅末端，雄虫则不超过翅鞘末端。

3. 发生规律

玉米旋心虫在北方一年发生1代，以卵在土壤中越冬。5月下旬至6月上旬越冬卵陆续孵化，幼虫蛀食玉米苗，在玉米幼苗期可转移多株为害，苗长至30厘米左右后，很少再转株为害。幼虫为害盛期在7月中上旬，7月下旬为化蛹、羽化盛期，8月中上旬陆续在土中产卵越冬。成虫白天活动，有假死性。卵多产在疏松的玉米田土表或植物须根上，每只雌虫可产卵20粒左右。幼虫夜间活动，老熟幼虫在土下2~3厘米筑室化蛹，蛹期5~8天。一般降水充沛年份发生重，晚播及连作田块发生重。

4. 绿色防控技术

（1）选用抗虫品种，实行轮作倒茬，避免连茬种植，减少害虫越冬场所。

（2）搞好秋翻，能利用鸟类等天敌吃掉一部分虫体，并冻死一部分害虫。

（3）清洁田园，结合整地，把玉米根茬捡出田外集中处理，降低虫源基数。

（4）使用内吸性杀虫剂克百威等种衣剂进行种子处理。

（5）每亩用25%甲萘威可湿性粉剂，或用2.5%的敌百虫粉剂1~1.5千克，拌细土20千克，搅拌均匀后，在幼虫为害初期（玉米幼苗期）顺垄撒在玉米根周围，杀伤转移为害的害虫。

（6）用90%晶体敌百虫1 000倍液，或用80%敌敌畏乳油1 500倍液喷雾，每亩喷药液50~60千克。

（四）蝼蛄

1. 分布与为害

蝼蛄又称大蝼蛄、拉拉蛄、地拉蛄。对农作物为害严重的蝼蛄在我国主要有两种，即华北蝼蛄和东方蝼蛄，均属直翅目蝼蛄科。华北蝼蛄分布在北纬32°以北地区，东方蝼蛄主要分布在我国北方各地。

蝼蛄以成虫、若虫咬食各种作物的种子和幼苗，特别喜食刚发芽的种子，造成严重缺苗、断垄；也咬食幼根和嫩茎，扒成乱麻状或丝状，使幼苗生长不良甚至死亡。特别是蝼蛄在土壤表层善爬行，往来乱窜，将表土钻成许多隧道，造成种子架空，幼苗吊根，导致种子不能发芽，幼苗失水而死，造成严重的缺苗断垄。

2. 形态特征

（1）华北蝼蛄成虫体黑褐色，密被细毛，腹部近圆筒形。前足腿节下缘呈"S"形弯曲，后足胫节内上方有刺1~2根（或无刺）。卵为椭圆形，卵初产时黄白色，后变为黄褐色，孵化前呈深灰色。若虫共13龄，初龄若虫体长3.6~4毫米，末龄若虫体长36~40毫米。初孵化若虫头、胸特别细，腹部很肥大，全身乳白色，复眼淡红色，以后颜色逐渐加深，5~6龄后基本与成虫体色相似。

（2）东方蝼蛄成虫体黄褐色，密被细毛，腹部近纺锤形。前足腿节下缘平直，后足胫节内上方有等距离排列的刺3~4根（或4根以上）。卵为椭圆形，卵初产时乳白色，渐变为黄褐色，孵化前为暗紫色。初孵若虫头、胸特别细，腹部很肥大，全身乳白色，复眼淡红色，腹部红色至棕色，半天以后，头、胸、足逐渐变为灰褐色，腹部淡黄色，2、3龄以后若虫体色接近成虫。

3. 发生规律

华北蝼蛄3年左右才能完成1代。在北方以8龄以上若虫或成虫越冬，翌年春季3月中下旬成虫开始活动，4月出窝转移，地表出现大量虚土隧道。6月开始产卵，6月中下旬孵化为若虫，进入10—11月以8~9龄若虫越冬。该虫完成1代共1 131天，其中卵期11~23天，若虫12龄历期736天，成虫期378天。黄淮海地区20厘米土温达8℃的3—4月即开始活动，交配后在土中15~30厘米处做土室，卵产在土室中，产卵期1个月；产卵3~9次，每只雌虫平均产卵量288~368粒。成虫夜间活动，有趋光性。

东方蝼蛄在北方地区两年发生1代，在南方1年发生1代，以成虫或若虫在地下越冬。清明后上升到地表活动，在洞口可顶起一小堆虚土。5月上旬至6月中旬是蝼蛄最活跃的时期，也是第一次为害高峰期；6月下旬至8

月下旬，天气炎热，转入地下活动，6—7月为产卵盛期；9月气温下降时，再次上升到地表，形成第二次为害高峰；10月中旬以后，陆续钻入深层土中越冬。蝼蛄昼伏夜出，以夜间21：00—23：00活动最盛，特别在气温高、湿度大、闷热的夜晚，大量出土活动。早春或晚秋因气候凉爽，仅在表土层活动而不到地面上，在炎热的中午常潜至深土层。蝼蛄具趋光性，并对香甜物质具有强烈趋性。成虫、若虫均喜松软潮湿的壤土或沙壤土，20厘米表土层含水量20%以上最适宜，含水量小于15%时活动减弱。蝼蛄最适宜气温为12.5~19.8℃、20厘米土温为15.2~19.9℃，温度过高或过低时，蝼蛄则潜入深层土中。

4. 绿色防控技术

（1）秋收后深耕土地，降低越冬若虫基数。

（2）合理轮作。

（3）成虫盛发期，使用黑光灯、频振式杀虫灯进行诱杀。

（4）保护利用天敌。

（5）每亩可用150亿个孢子/克球孢白僵菌可湿性粉剂250~300克，或10亿孢子/克金龟子绿僵菌CQMa128微粒剂3 000~5 000克，拌细土或细沙10~20千克，于玉米播种期穴施，或加水稀释，喷施于播种沟内。

（6）每亩用50%辛硫磷乳油200~250克，加10倍的水，与25~30千克细土拌匀成毒土，顺垄条施，随即浅锄，或以同样用量的毒土撒于种沟或地面，随即耕翻，或混入厩肥中施用，或结合灌水施入；或每亩用5%辛硫磷颗粒剂2.5~3千克，或30%毒·辛微囊悬浮剂1~1.5千克处理土壤，都能收到良好的效果，且能兼治金针虫和蛴螬。

（五）金针虫

1. 分布与为害

金针虫是鞘翅目叩头甲科的幼虫，又称叩头虫、沟叩头甲、土蚰蜒、芨芨虫、钢丝虫。我国为害农作物最主要的是沟金针虫、细胸金针虫和褐纹金针虫。沟金针虫分布在我国的北方；细胸金针虫主要分布在黑龙江、内蒙古、新疆、福建、湖南、贵州、广西、云南；褐纹金针虫主要分布在华北、东北、西北及河南等地。

三种金针虫的寄主有各种农作物、果树及蔬菜等。幼虫在土中取食播种下的种子、萌出的幼芽、农作物和菜苗的根部，使作物枯萎致死，造成缺苗断垄，甚至全田毁种。有的钻蛀块茎或种子，蛀成孔洞，致受害株干枯死亡。

2. 形态特征

沟金针虫成虫深栗色，头部扁平，头顶呈三角形凹陷，密布刻点。卵近椭圆形，乳白色。老熟幼虫细长筒形略扁，体壁坚硬而光滑，具黄色细毛。蛹为裸蛹，纺锤形，末端瘦削，有刺状突起，初淡绿色后褐色。细胸金针虫成虫体细长，暗褐色，有光泽，密生灰色短毛，触角细短，红褐色，第2节球形。末龄幼虫细长圆筒形，淡黄色，光亮，头部扁平，口器深褐色。蛹为裸蛹，长纺锤形，初乳白色，后逐渐加深变黄色。褐纹金针虫成虫体细长，黑褐色，被灰色短毛，头部黑色，向前凸，密生刻点。末龄幼虫体圆筒形，细长，棕黑色具光泽，第1胸节、第9腹节红褐色。

3. 发生规律

一般2~5年完成1代，因品种和地域而异。幼虫耐低温而不耐高温，以幼虫或成虫在地下越冬或越夏，每年4—6月和10—11月在土壤表层活动取食为害。

4. 绿色防控技术

（1）大面积秋耕、春耕。

（2）保护利用天敌。金针虫天敌有蜘蛛、昆虫、鸟雀、真菌等，注意保护利用自然天敌进行控制。

（3）植物性农药。利用一些植物的杀虫活性物质防治地下害虫，如油桐叶、蓖麻叶和牧荆叶的水浸液，以乌药、芫花、马醉木、苦皮藤、臭椿和茶皂素等的茎、根磨成粉后防治地下害虫效果较好。

（4）性信息素诱杀。金针虫成虫出土后，利用性信息素诱杀成虫。

（5）生物制剂防治。寄生金针虫的真菌种类主要有白僵菌和绿僵菌。每亩可用150亿个孢子/克球孢白僵菌可湿性粉剂250~300克，或10亿个孢子/克金龟子绿僵菌CQMa128微粒剂3 000~5 000克，拌细土或细沙10~20千克，或加水稀释，喷施于播种沟内。

（6）土壤处理。每亩用50%辛硫磷乳油200~250克，兑10倍的水，喷于25~30千克细土中拌匀成毒土，顺垄条施，随即浅锄，能收到良好的效果，且能兼治蛴螬和蝼蛄等地下害虫。

二、刺吸式害虫

刺吸式害虫是玉米苗期到大喇叭口期的主要害虫，常见的有蚜虫、蓟马、叶螨、灰飞虱、盲蝽和叶蝉等。该类害虫通过刺吸式或锉吸式口器吸食玉米植株的汁液，造成营养损失。主要为害叶片的雄穗，害虫直接取食造成受害部位发白、发黄、发红、皱缩，甚至枯死而使玉米直接减产。有些害虫如灰飞虱、叶蝉、蚜虫等还可传播病毒，引起病毒病，如粗缩病、矮花叶病等。蚜虫在雄穗上取食导致散粉不良，籽粒结实性差；排出的"蜜露"在叶片上形成霉污，影响光合作用。同时虫伤易成为细菌等病原菌的侵染通道，诱发病害，如细菌性病害或瘤黑粉病等，间接造成更大的产量损失。

刺吸性害虫大多数体小且活动隐蔽，为害初期不易察觉，往往在造成严重症状后才被发现，所以，化学防治是控制该类害虫的主要措施，一般采用含丁硫克百威、吡虫啉等成分的种衣剂进行种子包衣或发生期喷洒内吸性杀虫剂的方法防治。在早晚喷雾，此时害虫停在中下部叶片背面，较易防治。

（一）蚜虫

1. 分布与为害

玉米蚜虫又称腻虫、蚁虫，我国各地均有分布，为害玉米、高粱、小麦等多种禾本科作物和杂草。该虫以成蚜、若蚜群聚在玉米幼叶、叶鞘、茎秆、雄穗和雌穗上刺吸植物组织汁液，导致叶片发黄或发红，影响植株生长发育，同时它还能分泌蜜露，产生黑色霉状物质，影响玉米光合作用和授粉，并传播病毒病造成减产。

2. 形态特征

无翅胎生虫体淡绿色，体被薄白粉，复眼红褐色；有翅胎生虫体头、胸黑色发亮，腹部绿色或黑绿色，复眼灰褐色，翅透明。

3. 发生规律

玉米蚜虫一年发生 10~20 代，以成蚜、若蚜在禾本科植物的心叶内越冬。翌年3—4月开始活动为害小麦，4月底至5月上旬，小麦进入灌浆期，产生大量有翅蚜迁往春玉米、高粱、水稻田繁殖为害。该虫终生营孤雌生殖，到玉米大喇叭口末期蚜量迅速增加，扬花期蚜量猛增，在玉米上部叶片和雄花上群集为害，条件适宜为害持续到9月中下旬玉米成熟前。一般8—9月玉米生长中后期，日均气温低于28℃，适合其繁殖，其间如遇干旱、旬降水量低于20毫米，易猖獗为害。

4. 绿色防控技术

（1）清除田间地边杂草，消灭蚜虫孳生地。

（2）推广应用黄色粘虫板诱杀技术。在玉米蚜虫发生初期，利用蚜虫对黄色的趋性，每亩均匀插挂15~30块黄色粘虫板，高度高出玉米顶部20~30厘米。当黄板上蚜虫覆盖超过60%时，需更换新的黄板，以确保诱杀效果，整个生长季节可更换粘虫板2~3次。

（3）释放天敌。

（4）生物农药防治。每亩用150亿孢子/克球孢白僵菌可湿性粉剂15~20克，或每亩用块状耳霉菌200万孢子/毫升悬浮剂150~200毫升，兑水喷雾防治。

（5）药剂拌种。用70%吡虫啉可分散粒剂50~70克，或70%噻虫嗪悬浮种衣剂50~100克，拌种10千克，防治苗期蚜虫。

（6）药剂防治。在玉米拔节期，当发现中心蚜株，可喷施50%抗蚜威可湿性粉剂1 500倍液；当有蚜株率达30%~40%，出现"起油珠"（指蜜露）时，可选用10%吡虫啉可湿性粉剂或菊酯类等药剂全田普治；还可每亩用40%乐果乳油50毫升，兑水500毫升稀释后，拌15千克细沙土，拌匀制成毒土，均匀地撒在植株心叶上，每株1克，可兼治蓟马、玉米螟、黏虫等。

（二）玉米蓟马

1. 分布与为害

玉米蓟马在我国各玉米种植区都有发生，种类有黄呆蓟马、禾蓟马和稻管蓟马三种，以黄呆蓟马为主，为害玉米及小麦、高粱、水稻、谷子等多种禾本科作物和杂草。玉米苗期是该虫为害最为敏感的时期，喜在玉米心叶内活动为害，主要为害叶片背面，受害叶片呈现大量白色小点和断续的银白色条斑，受害严重的叶片常如涂了一层银粉；在心叶内为害时该虫会分泌黏液，致使心叶粘连扭曲，不能展开呈鞭状，部分叶片畸形破裂，严重影响玉米的正常生长。

2. 形态特征

玉米黄呆蓟马成虫黄色略暗，胸、腹背（端部数节除外）有暗黑色区域。

3. 发生规律

玉米黄呆蓟马成虫在禾本科杂草根基部和枯叶内越冬，一般于翌年5月中下旬从禾本科植物迁向玉米，在玉米上繁殖2代。第1代若虫于翌年5月下旬至6月初发生在春玉米或麦类作物上，6月中旬进入成虫盛发期，也是为害高峰期；6月下旬是第2代若虫盛发期，7月上旬成虫为害夏玉米。以成虫和1、2龄若虫为害，3、4龄若虫停止取食，掉落在松土内或隐藏于植株基部叶鞘、枯叶内。干旱对其大发生有利，降水对其发生和为害有直接的抑制作用。

4. 绿色防控技术

（1）加强栽培管理。合理密植，适时浇灌施肥，以促进玉米苗早发快长，能够有效减轻玉米蓟马为害，同时还可改变玉米田间小气候，使其湿度加大，不利于蓟马的生长，特别是干旱缺肥地块更应注意。

（2）及时清除田间地头杂草和枯枝残叶，集中深埋，消灭越冬成虫和若虫，减少虫源。

（3）田间间苗、定苗时，拔除有虫苗，并带出田外销毁，可减少蓟马蔓延为害。

（4）对已形成鞭状的玉米苗，可将鞭状叶基部豁开，促进心叶展开，恢复正常生长。

（5）采用黄色或蓝色粘虫板诱杀。在蓟马发生盛期，在田内悬挂黄色、绿色或蓝色粘虫板，每亩放置25厘米×40厘米粘虫板20~40块，悬挂高度以高于植株顶梢30厘米左右为宜。也可用黄色等油漆涂抹的自制粘虫板，表面刷一层机油、黄油或其他环保专用胶，形状及大小不拘，间隔5~7天检查粘虫板1次，及时清理死虫，更换粘虫板。

（6）可使用10%吡虫啉可湿性粉剂2 000倍液，或25%噻虫嗪水分散粒剂2 000倍液喷雾防治。

（三）玉米叶螨

1. 分布与为害

玉米叶螨又称玉米红蜘蛛，在我国分布广泛，对玉米为害严重，主要有截形叶螨、二斑叶螨和朱砂叶螨三种，截形叶螨为优势种。寄主植物有玉米、高粱、向日葵、豆类、棉花和蔬菜等，该虫以若螨和成螨群聚叶背吸取汁液，使叶片着灰白色或枯黄色细斑，严重时叶片干枯脱落，影响生长。

2. 形态特征

截形叶螨成螨体深红色或锈红色，二斑叶螨成螨体浅黄色或黄绿色，朱砂叶螨成螨体锈红色至深红色。

3. 发生规律

玉米叶螨一年发生 10~20 代，以雌螨在土缝中或枯枝落叶上越冬，翌春气温达 10℃ 以上即开始大量繁殖，在小麦、蒿等作物和杂草上活动取食。一般于 5 月中下旬玉米出苗后迁入玉米田，先为害玉米下部叶片，后向上蔓延；高温低湿的 7—8 月为害达到高峰；9 月上旬随气温下降和玉米植株衰老，种群数量急剧下降，开始陆续转移到越冬场所。干旱年份易于大发生，7—8 月降水多、相对湿度超过 70% 时，不利其繁殖，暴雨对其有抑制作用。

4. 绿色防控技术

（1）选育和推广抗病虫害好的品种。

（2）深耕土地，清洁田园，合理进行作物布局。

（3）玉米红蜘蛛对蓝板有趋性，利用该特点可以在春季红蜘蛛从四周向玉米田转移时，用蓝板在迁移途中进行诱杀。

（4）保护利用天敌。

（5）可用 1.8% 阿维菌素乳油 2 000 倍液，或 15% 哒螨灵乳油 2 500 倍液，或 5% 噻螨酮乳油 2 000 倍液喷雾防治，重点喷洒植株中下部叶片。

三、食叶害虫

食叶性害虫以取食玉米叶片为主，常把叶片咬成孔洞或缺刻，有些害虫的大龄幼虫食量大，如黏虫，可将叶片全部吃掉，为害严重。食叶性害虫主要是通过减少植物光合作用面积直接造成产量损失；有时，害虫会咬断心叶，影响植株的生长发育；有些种类的幼虫大龄后常钻蛀到茎秆内取食，造成更大的产量损失。

食叶性害虫数量的消长常受气候与天敌等因素直接制约，有些种类如黏虫、甜菜夜蛾等能够做远距离迁飞，一旦发生则由于虫口密度集中，而猖獗为害。有些种类的害虫在玉米 6 叶期以后发生，所以，种衣剂或拌种剂防效差，目前，在玉米上以化学药剂喷雾或颗粒剂心叶撒施防治为主，辅以生物防治，如人工释放赤眼蜂防治玉米螟等措施。

第四章　鲜食玉米主要病虫害防治技术

（一）玉米螟

1. 分布与为害

玉米螟又称玉米钻心虫，我国有亚洲玉米螟和欧洲玉米螟两种，其中以亚洲玉米螟为主。亚洲玉米螟在各玉米种植区都有发生，欧洲玉米螟分布在内蒙古、宁夏、河北一带，与亚洲玉米螟混合发生。玉米螟主要为害玉米、高粱、谷子、棉花、麻类、豆类等作物。初龄幼虫蛀食玉米嫩叶，形成排孔花叶；雄穗抽出后，呈现小花被毁状；3龄后幼虫钻蛀茎秆、雌穗和雄穗为害，在茎秆上可见蛀孔，外有幼虫排泄物，茎秆易折，在雌穗中取食籽粒，常引起或加重穗腐病的发生。

2. 形态特征

成虫体土黄色，前后翅均横贯两条明显的浅褐色波状纹，其间有大小两块暗斑。卵产在叶背，呈扁椭圆形，白色，多粒排成块状，呈鱼鳞状。老熟幼虫体背浅褐色，中央有一条明显的背线，蛹为纺锤形，红褐色。

3. 发生规律

亚洲玉米螟年发生代数依各地气候而异，一般随纬度和海拔升高而世代数减少，我国从北到南，每年发生1~6代。以老熟幼虫在寄主被害部位或根茬内越冬。成虫昼伏夜出，有趋光性和较强的性诱反应。成虫将卵产在玉米叶背中脉附近，每块卵20~60粒，每头雌虫可产卵400~500粒，卵期3~5天；幼虫5龄，历期17~24天。初孵幼虫有吐丝下垂习性；1~3龄幼虫群集在心叶喇叭口内啃食叶肉，只留表皮，或钻入雄穗中为害；幼虫发育到4~5龄，蛀入雌穗，影响雌穗发育和籽粒灌浆；幼虫老熟后，即在玉米茎秆、苞叶、雌穗和叶鞘内化蛹，蛹期6~10天。该虫的发生适宜温度为16~30℃，相对湿度在60%以上。长期干旱、大风大雨能使卵量减少，卵及初孵幼虫大量死亡。不同品种的玉米发生数量有明显差异。

4. 绿色防控技术

（1）在玉米收获时粉碎灭茬，或在春季越冬幼虫化蛹羽化前，采用烧柴、沤肥、制作饲料等办法处理玉米秸秆，降低越冬幼虫数量；在玉米授粉结束后用剪刀剪下花丝，带出田外集中销毁。

（2）在成虫盛发期，采用频振式杀虫灯或高压汞灯诱杀成虫，降低田间落卵量，减轻玉米螟为害，集中连片成规模设置效果更好。

（3）性诱剂诱杀。

（4）保护利用天敌。

（5）在心叶末期，即大喇叭口期，每亩用100亿活芽孢/毫升苏云金杆菌制剂200毫升按药∶水∶干细沙比例0.4∶1∶10，或每克50亿孢子的白僵菌0.35千克，兑细河沙5千克配成颗粒剂，在玉米心叶中期撒施；或每亩用每克含50 000个单位的苏云金杆菌可湿性粉剂700~800倍液，或0.3%印楝素乳油80~100克喷雾到玉米心叶内。

（二）草地贪夜蛾

1. 分布与为害

草地贪夜蛾又称秋黏虫，属于鳞翅目夜蛾科，具远距离迁飞习性，起源于美洲热带、亚热带地区，肆虐于非洲，是联合国粮农组织全球预警的重大农业害虫。2018年在非洲造成30多亿美元的经济损失，2019年1月传入我国并迅速蔓延。

草地贪夜蛾是一种杂食性害虫，寄主植物特别广泛，取食最多的是玉米、棉花、高粱、水稻，还包括苜蓿、大麦、荞麦、燕麦、粟、花生、黑麦草、甜菜、苏丹草、大豆、烟草、番茄、马铃薯、洋葱、小麦等186种寄主植物。

2. 形态特征

根据对寄主的偏好性，草地贪夜蛾分两个亚种，即取食玉米品系（也取食棉花和高粱）和取食水稻品系（也取食狗牙根和假高粱）。两个亚种在幼虫和成虫形态上不能区分，但在分子标记遗传构成和生理上能区分。

成虫前翅灰色至棕色。雄蛾环形纹和肾形纹明显，翅顶角处分别有两个大白斑，肾形纹内侧有白色楔形纹。雌蛾通体颜色较均匀，呈灰色或棕色。卵块产，上覆盖有鳞毛，单个卵呈圆顶状，初产时浅绿色或白色，孵化前渐变为棕色，幼虫典型特征是末端腹节背面有4个呈正方形排列的黑色毛瘤，3龄后头部可见倒"Y"形纹。雌蛹交配孔和产卵孔位于腹部第8节和第9节，连成一条纵裂缝，雄蛹殖孔位于腹部第9节，为一纵裂缝，周围常略微凸起。

3. 发生规律

幼虫期14~30天，蛹期7~37天，成虫期一般10~21天。幼虫不滞育，在夏季整个生活周期为30天，春季和秋季需60天，冬天需80~90天。在部分地区，比如在美国纽约和明尼苏达州到8月才见成虫，基本上是1代，是偶发性的破坏性害虫。在热带地区1年12代，如在佛罗里达沿海地区达到1年10代，是常发性害虫。随着草地贪夜蛾境外虫源不断迁入，不断定殖，很可能在我国南方形成周年繁殖区，类似美国一样，形成北迁南回，周年在我国发生为害。

幼虫在田间分布为聚集分布。孵化后的幼虫隐藏在玉米心叶、叶鞘等部位取食叶肉组织，留下表皮，形成半透明薄膜"窗孔"，低龄幼虫有吐丝转株为害的特点，借助风力扩散转移到周围植株上继续为害；2、3龄幼虫取食叶片边缘，可以蛀洞为害生长点，钻蛀穗尖，取食籽粒；高龄幼虫食量大，对玉米的为害更重，取食叶片后形成不规则的长形孔洞；到末龄，因为自残性幼虫密度通常降到每株1~2头；6龄幼虫能够为害全生育期植株，在取食的最后2~3天，取食量占整个取食阶段的80%，大龄幼虫虫粪呈锯末状。老熟幼虫入土2~8厘米筑土室化蛹。草地贪夜蛾幼虫最初很少见有取食为害根部的报道，但在天气干旱条件下，幼虫为寻找水分充足的部位，取食为害玉米茎基部形成孔洞，造成枯心苗。

成虫具有强烈的飞行能力和远距离迁飞习性，成虫和幼虫都具有趋嫩特性，产卵为害喜欢选择相对幼嫩的植株及部位。

4. 绿色防控技术

（1）种植抗虫品种。

（2）性诱剂诱杀。

（3）卵孵化初期选择喷施苏云金菌杆菌以及多杀菌素、苦参碱等生物农药。

（4）低龄幼虫（3龄前）为防控的最佳时期，施药时间最好选择在清晨和傍晚，注意喷洒在玉米心叶、雄穗和雌穗等部位。目前防效较好的有氯虫苯甲酰胺、甲维盐（甲氨基阿维菌素苯甲酸盐）、茚虫威、溴氰虫酰胺、虫螨腈、高效氯氟氰菊酯等防控夜蛾科害虫的高效低毒杀虫剂。药剂进行喷雾防治，避免使用高毒农药，避免伤害自然天敌，注意轮换交替和复配使用不同作用方式的杀虫剂，以延缓草地贪夜蛾抗药性的产生。

用化学杀虫剂结合球孢白僵菌、金龟子绿僵菌防控草地贪夜蛾，可以增强生防菌感染能力，提高草地贪夜蛾的死亡率，降低杀虫剂的田间剂量，减少对环境的负面影响。

(三) 斜纹夜蛾

1. 分布与为害

斜纹夜蛾又名莲纹夜蛾、斜纹夜盗蛾,属鳞翅目夜蛾科。我国各地均有分布,以长江流域和黄河流域发生严重。该虫食性杂、寄主植物广泛,在蔬菜上可为害甘蓝、白菜、莲藕、芋头、苋菜、马铃薯、茄子、辣椒、番茄、豆类、瓜类、菠菜、韭菜、葱类等,大田作物上主要为害甘薯、花生、大豆、芝麻、烟草、向日葵、甜菜、玉米、高粱、水稻、棉花等多种作物。

斜纹夜蛾以幼虫为害作物的叶片、蕾、花等。低龄幼虫在叶背取食下表皮和叶肉,留下上表皮和叶脉形成窗纱状,有时可咬食蕾、花瓣和茎秆;高龄幼虫可蛀食果实,取食叶片形成孔洞和缺刻。种群数量大时可将植株叶片吃光或仅留叶脉。

2. 形态特征

成虫体深褐色,头、胸、腹褐色。前翅灰褐色,内外横线灰白色,有白色条纹和波浪纹,前翅环纹及肾纹白边。后翅半透明,白色,外缘前半部褐色。卵为半球形,卵粒常常3~4层重叠成块,卵块椭圆形,上覆盖黄褐色绒毛,幼虫黄绿色,杂有白斑点。蛹赤褐色至暗褐色,气门黑褐色,呈椭圆形,腹端有臀棘1对。

3. 发生规律

斜纹夜蛾在长江流域一年发生5~6代,黄河流域一年发生4~5代,华南地区可终年繁殖。6—10月为发生期,以7—8月为害严重。以蛹越冬,翌年3月羽化。成虫昼伏夜出,黄昏开始活动,对灯光、糖醋液、发酵的胡萝卜和豆饼等有强趋性。成虫有随气流迁飞习性,早春由南向北迁飞,秋天又由北向南迁飞。卵块上面覆盖绒毛。幼虫共6龄,老熟幼虫做土室或在枯叶下化蛹,啃食叶肉留下表皮呈窗纱透明状,能吐丝并随风扩散。2龄后分散为害,3龄后多隐藏于荫蔽处,4龄后进入暴食期,当食料不足时有成群迁移的习性。斜纹夜蛾为喜温性害虫,最适温度为28~30℃,抗寒力弱。水肥条件好、生长茂密田块发生严重。土壤干燥对其化蛹和羽化不利,大雨和暴雨对低龄幼虫和蛹均有不利影响。

4. 绿色防控技术

(1) 连片种植,减少插花种植。斜纹夜蛾食性杂、取食寄主植物多,产卵趋向高大的植物,蜜源植物多可促进斜纹夜蛾发生,应提倡作物连片种植。

（2）清洁田园。作物收获后，要及时清除枯枝落叶，铲除田间及周边杂草，破坏或恶化害虫孳生环境，有助于减少虫源。收获后翻耕晒土或灌水，精细整地，通过机械损伤、不良气候影响或让天敌侵食等，消灭部分越冬蛹。

（3）人工捕杀。结合疏枝叶、疏花果管理，人工抹杀卵块和群集为害的初孵幼虫；利用幼虫假死性，振落捕杀。

（4）杀虫灯诱杀。利用频振式杀虫灯、黑光灯、糖醋液、食诱剂或豆饼、甘薯发酵液诱杀成虫。

（5）利用自然天敌。斜纹夜蛾自然天敌主要有草蛉、猎蝽、蜘蛛、步甲等，作物田尽量少用化学农药，可减少对天敌的杀伤。

（6）生物农药防治。卵孵化盛期至低龄幼虫期，每亩用10亿个/克斜纹夜蛾核型多角体病毒可湿性粉剂800~1 000倍液，或100亿孢子/毫升短稳杆菌悬浮剂800~1 000倍液喷雾。

（7）卵孵化盛期至低龄幼虫期，用2.5%溴氰菊酯乳油2 000~3 000倍液，或48%毒死蜱乳油1 000倍液，或20%灭幼脲悬浮剂800倍液，或1.8%阿维菌素乳油1 000倍液，均匀喷雾。由于斜纹夜蛾白天不活动，喷药应在午后或傍晚进行。

第四节　玉米草害

玉米田杂草的发生和群落结构组成受到自然地理环境、农田生态条件及杂草管理等多方面因素的制约。调查发现，杂草的发生区域性较强，如潮湿多雨的东北玉米产区鸭跖草的发生呈上升态势，而冷凉寡雨的西北地区，播娘蒿、荠菜等常见于玉米田。玉米播种前或生长前期防治水平较高的地块，杂草发生较轻，但若遇降雨，则会有新的杂草出现，因此在田间既能观察到幼苗，又可看到成株期的杂草；尤其是杂草的严重发生往往在田边路旁，加之农民常防治耕地内的杂草，而忽视田边路旁的杂草，如此一来，杂草的种子经风力传播，其发生危害周而复始。因此，掌握不同产区的杂草发生情况和危害规律，对于杂草的防治和玉米的增产丰收至关重要。

一、我国玉米栽培区域划分及杂草情况

玉米主要分布于北纬58°至南纬40°的温带、亚带热和热带地区。玉米种植区域的形成和发展与自然资源的特点、社会经济因素和生产技术的变迁存在密切关系。我国玉米带纵跨寒温带、暖温带、亚热带和热带生态区，分布在低地平原、丘陵和高原山区等不同地形区域。北起黑龙江讷河，南到海南，均有玉米种植。根据不同地区温、光、水和无霜期等自然资源特点及玉米生长发育对资源条件的要求，将中国的主要玉米种植区划分为6个种植区，包括北方春播玉米区、黄淮海平原夏播玉米区、西南山地玉米区、南方丘陵玉米区、西北灌溉玉米区和青藏高原玉米区。

（一）北方春播玉米区

北方春播玉米区自北纬40°起，经山海关至陕西西北灌溉玉米区的秦岭北麓以北地区，包括黑龙江、吉林、辽宁、宁夏和内蒙古的全部地区，山西大部，河北、陕西和甘肃的部分地区。该种植区属寒温带湿润、半湿润气候类型，气候冷凉，苗期常干旱，后期降温快，冬季低温干燥，无霜期130~170天；全年降水量400~800毫米，其中60%集中在7—9月。大部分地区温度适宜，日照充足，适于种植玉米。种植制度基本上为一年一熟制。栽培模式以平播为主，少数地区地膜覆盖。近年来推行深松改土的耕作栽培模式，该地区以春玉米为主，播种面积达2.2亿亩，玉米产量很高，最高产量达到15吨/公顷。

该种植区的杂草主要以马唐、牵牛、反枝苋、狗尾草、稗、刺儿菜、铁苋菜、苦苣菜、鸭跖草等危害较重；东北地区雨水较多的区域，如长春、沈阳、丹东等地玉米田，鸭跖草、问荆发生较多。

（二）黄淮海平原夏播玉米区

黄淮海平原夏播涉及黄河、海河和淮河流域，包括河南、山东、天津，河北大部、北京大部，山西、陕西中南部和江苏、安徽淮河以北区域，是我国玉米集中产区之一。该种植区属暖温带半湿润气候类型，地表水和地下水资源都比较丰富，灌溉面积占玉米种植面积的50%左右，无霜期170~220天；气温高，蒸发量大，降水量丰富但十分集中，夏季降水量占全年的70%以上，经常发生春旱夏涝，中后期多雨寡照；常有风、雹、盐碱、病虫

害等发生。本区属于一年两熟生态区，栽培模式多为小麦—玉米两熟制。

该种植区气候潮湿，降水量较大，且小麦收获时留茬较高，增加了除草剂土壤封闭的难度，因而生长期后期杂草的发生较重，尤以禾本科杂草发生最重，其中免耕夏玉米草害面积占种植面积的98%以上；中等以上危害占85%以上。种植区北部杂草主要有马唐、牛筋草、稗草、马齿苋、反枝苋、铁苋菜、苘麻等；南部杂草主要有马唐、牛筋草、千金子、马齿苋、粟米草、空心莲子草、青葙等。

（三）西南山地玉米区

西南山地玉米区也是中国的玉米主要产区之一，播种面积约7 000万亩，包括云南、贵州、四川全部，陕西的南部，广西、湖南、湖北的西部丘陵山区和甘肃的一小部分。该种植区近90%的土地分布在丘陵山区和高原，河谷平原和山间平地占5%。海拔高，多数土地分布在海拔200~5 000米，种植业垂直分布特征十分明显。该种植区属温带和亚热带湿润、半湿润气候带，无霜期一般240~330天，雨量丰沛，水资源丰富，全年降水量800~1 200毫米，但阴雨寡照天气在200天以上，经常发生春旱和伏旱。玉米有效生长期150~180天。土壤贫瘠，耕作粗放，病虫害复杂且危害较重，玉米产量很低。种植制度从一年一熟到一年多熟，多以春播为主，兼有夏播、秋播。

该种植区杂草种类非常复杂，地区间差异较大，其中四川以牛膝菊、通泉草、叶下珠等危害为主，广西以莲子草、野塘蒿、肖梵天花等危害为主。多年生杂草比例较大，少耕、温湿度适宜，部分山丘多年生杂草30%以上；难除杂草多，如双穗雀稗、狗牙根、毛臂形草、胜红蓟、牛膝菊、腺梗豨莶、香附子、异型莎草等；且杂草发生时间长，一次性施药防除困难。

（四）南方丘陵玉米区

南方丘陵玉米区分布范围广，包括广东、海南、福建、浙江、江西、台湾全部，江苏、安徽的南部，广西、湖南、湖北的东部。本种植区属亚热带和热带湿润气候。高温高湿，多雨，年降水量在1 000~1 800毫米，且分布均匀。但本地区的气候条件更适合种植水稻，所以玉米种植面积较小，约1 500万亩，占全国种植面积的5%左右，以鲜食玉米为主。种植制度从一年两熟到三熟或四熟制，常年均可种植玉米，但主要作为秋冬季栽培。

丘陵地区地质复杂，杂草的种类较为丰富，马唐、牛筋草、稗、胜红蓟、香附子、臭矢菜、莲子草、粟米草、铁苋菜等杂草为优势种。

(五) 西北灌溉玉米区

西北灌溉玉米区包括新疆的全部和甘肃的河西走廊及宁夏河套灌溉区。该地区日照充足，2 600~3 200 小时/年，昼夜温差大，病虫害较少，对玉米生长发育和优质高产有利。降雨少，气候干燥，无霜期一般为 130~180 天，全年降水量不足 200 毫米，但农业灌溉系统较发达。该区域属于大陆性干燥气候带，种植业完全依靠融化雪水或河流灌溉。种植制度主要是一年一熟制春播玉米，播种面积约 3 000 万亩。

西北地区气候较为冷凉，杂草发生以藜、灰绿藜、稗草、田旋花、大刺儿菜、冬寒菜、苣荬菜、扁蓄。

(六) 青藏高原玉米区

青藏高原玉米区包括青海和西藏，该种植区海拔高，是我国重要的牧区和林区，玉米是本区新兴的农作物之一，栽培历史很短，种植面积和总产量均不足全国的百分之一。

二、常见玉米杂草

(一) 马唐 *Digitaria sanguinalis* （L.） Scop.

1. 识别要点

一年生草本。秆直立或下部倾斜，膝曲上升，高 10~80 厘米，无毛或节生柔毛。叶鞘短于节间；叶舌长 1~3 毫米；叶片线状披针形，长 5~15 厘米，宽 4~12 毫米，基部圆形，具柔毛或无毛。4~12 个总状花序呈指状着生于主轴上；每节 2 小穗，同型，一小穗具柄，另一小穗无柄；小穗第一颖明显，三角形，较小；第一外稃之侧脉上部锯齿状，粗糙，顶端渐尖，但不生芒，亦无小尖头。颖果。

2. 发生与危害特点

种子繁殖。喜湿喜光，潮湿肥沃的地块生长茂盛，4 月下旬至 6 月下旬发生量大，8—10 月结籽，种子边成熟边脱落，生活力强。成熟种子有休眠习性。茎直立或斜生，下部茎节着地生根，蔓延成片，难以拔除。全国各地均有分布，是旱秋作物、果园、苗圃的主要杂草。分布于北美和欧洲，见于草坪、田野和荒地。

(二) 牛筋草 *Eleusine indica* (L.) Gaertn.

1. 识别要点

一年生草本。根系极发达。秆丛生，基部倾斜，高 10~90 厘米。叶舌长约 1 毫米；叶片线形，长 10~15 厘米，宽 3~5 毫米，无毛或正面被疣基柔毛。穗状花序 2~7 个指状着生于秆顶，长 3~10 厘米，宽 3~5 毫米；小穗长 4~7 毫米，宽 2~3 毫米，含 3~6 小花，两侧压扁，无柄，紧密地覆瓦状排列于宽扁的穗轴一侧，穗轴顶端具有顶生小穗；小穗轴无毛；脱节于颖上及诸小花之间。胞果卵形。

2. 发生与危害特点

种子繁殖。5 月出苗，易形成出苗高峰，于每年 9 月出现第二次出苗高峰。一般颖果于每年的 7—10 月成熟，随熟而落。种子经过冬季休眠而萌发，广泛分布于我国中北部地区，为玉米田为害较重的恶性杂草。

(三) 稗 *Echinochloa crusgalli* (L.) Beauv.

1. 识别要点

一年生草本植物。秆高 50~150 厘米，光滑无毛，植株基部常向外开展。叶鞘疏松裹秆，叶舌缺，叶片扁平，线形，长 10~40 厘米，宽 5~20 毫米。圆锥花序，分枝长 6~20 厘米，斜上举或贴向主轴，无不育小枝，穗轴不伸出顶生小穗之上；小穗卵形，背腹压扁，长 3~4 毫米，具短柄或近无柄，排列于穗轴之一侧；二颖不等长；小穗常有 2 小花，第一小花多为无性花，其外稃顶端具长 0.5~3 厘米的芒，或有时无芒，从而形成多个变种；第二小花外稃厚于第一外稃及颖片，成熟后变硬，顶端具小尖头，边缘内卷，包着内稃，内稃露出较多。颖果。

2. 发生与危害特点

种子繁育，生命力极强。晚春型杂草，正常出苗的杂草大致在 7 月上旬抽穗开花，8 月初果实逐渐成熟，分布几乎遍布全国以及全世界温暖地区，属于世界性恶性杂草，主要发生在湿度较大的玉米田。

(四) 香附子 *Cyperus rotundus* L.

1. 识别要点

多年生草本。匍匐根状茎长，具椭圆形块茎。高 15~95 厘米，茎锐三棱形，平滑。叶片条形，宽2~5毫米；鞘棕色，常裂成纤维状。叶状苞片2~3枚，稀5枚，多长于花序；辐射枝2~10个，最长达12厘米；辐射枝上穗状花序的轮廓为陀螺形；小穗斜展开，线形，长1~3厘米，小穗轴具较宽的、白色透明的翅；鳞片稍密地复瓦状排列，卵形或长圆状卵形，长约3毫米，中间绿色，两侧紫红色或红棕色；雄蕊3，柱头3，花柱长，伸出鳞片外。小坚果长圆状倒卵形，三棱形。

2. 发生与危害特点

种子及根茎繁殖。花果期5—11月。生长于山坡荒地草丛中或水边潮湿处，是玉米田的重要杂草，分布于西北、华北、华南等省区。

（五）铁苋菜 *Acalypha australis* L.

1. 识别要点

一年生草本，高0.2~0.5米，被柔毛，毛逐渐稀疏。叶互生，长卵形、近菱状卵形或阔披针形，长3~9厘米，宽1~5厘米，边缘具圆锯，正面无毛，背面沿中脉具柔毛，具叶柄；具托叶。花序腋生或顶生，雌雄花同序；雌花苞片1~4枚，卵状心形，花后增大，边缘具齿，苞腋具雌花1~3枚，雄花生于花序上部，排列呈穗状或头状。蒴果具3个分果爿。种子近卵状。

2. 发生与危害特点

种子繁殖。苗期4—5月，花期7—8月，果期8—10月。果实成熟开裂、散落，经冬季休眠后可萌发。除新疆外，分布遍及全国，黄河流域及其以南地区发生普遍。为玉米田的主要杂草。

（六）稷 *Panicum miliaceum* L.

1. 识别要点

一年生草本。秆粗壮，直立或斜升，高40~120厘米，单生或少数丛生。叶片线形或线状披针形，长10~30厘米，宽5~20毫米。圆锥花序，成熟时下垂，长10~30厘米，无不育小枝，且穗轴亦不延伸出顶生小穗之上；小穗背腹压扁，卵状椭圆形，长3~5毫米，具2小花，第二小花（谷粒）平滑；鳞被纸质，多脉；第一颖长为小穗的1/3以上；第二外稃背部圆形，厚于第一外稃及颖片，平滑，具7脉，无芒。颖果，成熟时脱节于颖之下。

2. 发生与危害特点

种子繁殖。花果期9—11月，种子休眠后春季萌发。为一般性杂草，发生量小，危害轻。广泛分布于我国东南部、南部、西南部和东北部。

（七）头状穗莎草 Cyperus glomeratus L.

1. 识别要点

一年生草本。具须根。叶秆散生，粗壮，高 50~90 厘米，钝三棱形，平滑，具秆生叶。叶短，宽 4~10 厘米，边缘不粗糙；叶鞘长，红棕色。叶状苞片 3~4 枚，较花序长，边缘粗糙；复出长侧枝聚伞花序具 3~8 个辐射枝，辐射枝长短不等，最长达 12 厘米；小穗轴具白色透明的翅；鳞片排列疏松，膜质，近长圆形，棕红色，背面无龙骨状突起，脉极不明显；雄蕊 3，花药短，长圆形，暗血红色，花柱长，柱头 3。小坚果长圆形，三棱形，长为鳞片的 1/2，灰色，具明显的网纹。

2. 发生与危害特点

种子繁殖。花期 5—6 月，果期 7—9 月，玉米田的常见杂草，常生长于湿地、河岸、沼泽等处，广泛分布在东北、华北、内蒙古、江苏、浙江及云南等。

三、田间常用除草剂分类

除草剂是用以消灭或控制杂草生长的农药，是目前防除杂草最有效的方法。

（一）按除草剂有效成分的类型分类

1. 无机除草剂

无机除草剂主要包括一些选择性较差的无机化合物，如叠氮钠、氯酸盐类、硫酸铜等，这些化合物既可用于除草，也具有一定的杀菌活性，同时对人畜的毒性也很高。

2. 有机合成除草剂

有机合成除草剂是当今除草剂市场上的主流，按照化学结构又可分为：苯氧羧酸类、苯甲酸类、芳氧基苯氧丙酸类、环己烯酮类、吡啶类、三酮类、酰胺类、磺酰脲类、三氮苯类等。

3. 生物（源）除草剂

生物（源）除草剂是指利用生物活体或其代谢产物来防除杂草。目前，在世界范围内获得登记的生物除草剂有 Camperico、Devine、Collego、

CASST、Biomal、Sarritor 等 20 多个品种。我国是生物除草剂发展最早的国家之一，鲁保 1 号和生防剂 F798 分别是利用分离自菟丝子和向日葵列当的刺盘孢（*Colltotrichum gloesporioidespeny*）和镰刀菌（*Fusarium orobanches*），将其孢子加工成粉状剂型，用于防治上述两种寄生性种子植物。

（二）按除草剂对玉米和杂草的作用分类

1. 选择性除草剂

选择性除草剂是指在一定的环境条件与用量范围内，能够有效地防治杂草而不伤害作物的除草剂。此类除草剂能防除杂草，而不伤害禾苗和作物，如莠去津可安全用于玉米生育期的茎叶处理、敌稗可用于稻田的安全除草、精喹禾灵可用于苗圃等进行茎叶处理防除禾本科杂草等。

2. 非选择性除草剂

非选择性除草剂又称灭生性除草剂，是指在正常用量下，对作物和杂草无选择地全部杀死的除草剂。如草甘膦和五氯酚钠等，此类除草剂只要接触到绿色植物，均能将其杀死。

（三）按除草剂在植物体内的移动性分类

1. 触杀型除草剂

触杀型除草剂被植物吸收后，不在植物体内移动或移动范围较小，只起局部杀伤作用，仅植株接触药剂的部位受害。在使用过程中应当使杂草的各个部位最大限度地接触药剂。但若不能将全部生长点杀死，则杂草容易恢复生长，所以在杂草苗期使用效果较好。触杀型除草剂对作物产生的药害较轻，容易在短时间内恢复，因而基本不影响作物的产量。

2. 传导型除草剂

传导型除草剂又称内吸型除草剂。此类除草剂进入杂草体内后，能够在植物体内进行共质体或非共质体传导，随植物的营养液运送到植物的顶芽、幼叶和根尖，使植物畸形生长而死亡。此类除草剂的最大特点是接触植物后能很快传导到全株，杀草彻底，特别是有些品种对多年生恶性杂草杀伤力强。生产上多数除草剂品种均属于内吸传导型，如均三氮苯类、脲类、有机磷类等。此类药剂使用后作用速度较慢，一般 7 天左右表现症状，14 天以后陆续死亡，因而如果使用剂量较大或技术操作不当，容易对作物产生药害。例如，草甘膦是一种高效、低毒、广谱和内吸传导非选择性叶面喷施的芽后除草剂，用草甘膦喷洒茎叶后，24小时就可传导到全株，一周就可使杂草茎叶变黄失绿，最后枯死。

（四）按除草剂使用方法分类

1. 茎叶处理剂

以茎叶处理法施用的除草剂称为茎叶处理剂，通过杂草的茎叶或根系吸收或接触除草剂，如盖草能、草甘膦等。由于茎叶处理型除草剂具有针对性强、受土壤质地和湿度影响小等优点，近年来在各种作物中的使用率正在逐渐增加。

2. 土壤处理剂

以土壤处理法施用的除草剂称为土壤处理剂，一般通过杂草的根、芽吸收而发挥除草作用。玉米田可在播后苗前采用乙草胺、异丙甲草胺、二甲戊乐灵等除草剂进行土壤封闭处理。但土壤类型、气象条件、杂草种类等因素均能影响土壤处理剂的效果，因此这种类型除草剂药效不稳定。

四、除草剂的药害

（一）影响药害产生的因素

玉米田除草剂药害的产生主要由药剂漂移、除草剂过量使用、不良气候条件、误用、错用或混用不当及操作不正确、残留等原因造成，其中约有70%的药害是由不正确使用除草剂造成的。

1. 药剂方面

各种除草剂的化学组成不同，剂型及所含助剂、杂质的成分不同，对植物的安全性有很大的差别。一般来说除草剂的选择性可用选择性指数来表示，数值越大表明除草剂对作物的安全性越高，反之，则安全性越小。

$$选择性指数 = \frac{抑制作物生长10\%所需浓度（剂量）}{抑制杂草生长90\%所需浓度（剂量）}$$

2. 植物方面

不同种类的植物对药剂的敏感性及耐受性各有差异，如叶片蜡质层的结构差异、气孔的开张程度、茸毛的长短及有无等。例如，十字花科植物、桃树、梨树及杨树苗对各类药剂均表现出一定程度的敏感性。因此，施用除草剂的玉米田应合理安排后茬作物，以免造成药害事故。

3. 环境条件方面

施药时及施药后的环境条件，如降雨、刮风、高温等均能不同程度地加大药害的发生。在除草剂的施用过程中，如遇刮风，药剂的雾滴则会随风漂移至临近的作物，而引起不同程度的药害和损失；施药后短时间内降雨，则会将尚未被植物吸收的药剂冲洗至土壤，引起土壤中除草剂残留和后茬植物的药害。

（二）药害的症状及类型

除草剂药害是指除草剂对非靶标农作物造成的伤害，包括对田间主要收获作物的伤害、对临近地块作物的伤害和对后茬作物的伤害等。除草剂的药害症状与其作用机制密切相关。

1. 光合作用抑制剂类除草剂

光合作用抑制剂类除草剂主要包括取代脲类除草剂、三氮苯类除草剂、脲嘧啶类除草剂及二苯醚类除草剂等。这类除草剂一般直接导致作物叶片失绿发黄、叶片产生黄褐色斑如灼烧状，叶斑边缘变红色等。例如，扑草净在玉米上的药害症状为幼苗从叶尖开始发黄，如火烧样，后扩大至全叶；西玛津在玉米上的药害症状为叶片产生缺绿和枯斑，植株矮小，生长缓慢，严重的会因抑制光合作用而枯死；西玛津残效期较长，对后茬的水稻、棉花、大豆、小麦、大麦和十字花科等作物都易产生药害。

2. 植物生物合成抑制剂

植物生物合成抑制剂主要包括抑制色素合成的除草剂二苯醚类、环亚胺类、三酮类和异噁唑类等；抑制氨基酸、核酸和蛋白质合成的除草剂包括有机磷类、磺酰脲类、咪唑啉酮类、磺酰胺类和嘧啶水杨酸类等；抑制脂肪酸合成的除草剂包括芳氧苯氧基丙烯酸酯类、环己烯酮类和硫代氨基甲酸酯类等。

丁草胺、甲草胺、敌稗、异丙甲草胺等酰胺类除草剂，可抑制蛋白酶的活性而使蛋白质无法合成，使作物芽和根系难以形成并停止生长，用量过大时引起玉米植株矮化，有的种子不能出土，生长受抑制，叶片变形，心叶不能伸展、卷曲，有时呈鞭状，其余叶片皱缩，根茎节肿大。

玉米苗后使用磺草酮、硝基磺草酮、异噁草酮，在过量或施药后遇低温可使玉米呈现黄色或白色，症状较轻时一般7~10天可恢复正常生长。

烟嘧磺隆、玉嘧磺隆、氟嘧磺隆等，是广谱超高效除草剂，遇高温、低温、多雨或用量较大后会出现药害，主要症状为叶片发黄，症状较轻时可在10~15天后恢复生长。

3. 干扰植物激素平衡的除草剂

干扰植物激素平衡的除草剂主要包括苯氧羧酸类、苯甲酸类和氨氯吡啶酸类等除草剂，代表品种主要有2甲4氯等，主要用于苗前土壤处理或苗后3~5叶期茎叶处理，防除阔叶杂草。这类除草剂往往在极低浓度下就起作用，并且由于植物的不同器官对这类药剂的敏感度不同，受害植物常可见到刺激与抑制同时存在的症状，导致植物产生扭曲与畸形。早春低温、使用时期过晚或过量，常会形成药害，主要表现为叶片扭曲，心部叶片形成葱叶状卷曲，并呈现不正常的拉长、叶色浓绿，严重时叶片变黄，干枯；果位上不能形成果穗，故常在植株下部节位上长出果穗，下部节间脆弱易断，根系不发达，侧根生长不规则。

4. 抑制微管与组织发育的除草剂

抑制微管与组织发育的除草剂主要是二硝基苯胺类除草剂，主要产品有二甲戊乐灵、氟乐灵等。其直接造成微管蛋白无法聚合，使处于分裂期的细胞纺锤体无法形成，使得细胞的有丝分裂停留于前期或中期，产生异常的多形核。由于细胞的极性丧失，液泡形成增强，一旦发生药害，伸长区会发生放射性膨胀，结果造成根尖肿胀。

（三）药害的预防及补救

1. 玉米药害的预防

（1）正确选用玉米田除草剂。在充分了解除草剂品种特点的基础上，正确选用不同种类的除草剂，在用药时，必须根据各种药剂的性能特点、有效成分等认真把握用药的准确时期及用量，使用过早与用量太少均难以起到除草效果，使用过晚与用量偏大则可能对玉米造成伤害。同时，禁止在不完全了解各农药性能的情况下自行配制混合药剂进行病虫草害的综合防治。

（2）注意除草剂的残留药害和漂移药害。前茬作物小麦田除草慎用甲磺隆、绿磺隆等长残效品种；与玉米田相邻的地块在使用除草剂时，一定要根据作物的类型、除草剂的特性、环境条件等谨慎用药，防止药剂随风扩散到玉米田形成漂移药害。

（3）选择合适的施药方法及适宜的施药时期。施药方法与作物的栽培模式息息相关，就目前而言玉米田除草剂的施药方式主要包括播后苗前土壤封闭及苗后茎叶处理等,而苗后茎叶处理要抓住玉米3~5叶期这个关键时期。

2. 药害症状的缓解及补救

(1) 急性药害的补救。

① 可用低浓度的表面活性剂进行喷雾淋洗,应在施药后最短的时间内进行。

② 以喷施速效性叶面肥为主,根据作物的特点可适当喷施植物生长促进剂。在玉米受到激素类除草剂或内吸传导型除草剂的药害时,玉米心叶扭曲,个别次生根畸形,叶色较浅,生长缓慢,可及时喷施赤霉素和叶面肥。烟嘧磺隆造成的药害不建议使用激素类药剂缓解药害,但可用叶面喷施速效性叶面肥和烯腺嘌呤·羟烯腺嘌呤来缓解药害症状。

③ 及时补施适量的氮肥和钾肥,一般每亩施8~10千克,促使玉米迅速长出新叶,恢复正常生长发育。对土壤处理型除草剂造成的药害,可采用中耕或追施有机肥的方法,同时应加强田间管理,增强玉米植株的抵抗力。

(2) 慢性药害的预防和补救。

① 除草剂的解毒剂可以减轻或消除除草剂对作物的药害。例如,萘酐是内吸型拌种保护剂,可在根和叶内抑制除草剂对作物的伤害,此类药物可使玉米免受乙草胺、丁草胺和异丙甲草胺等除草剂的伤害。

② 加强水肥管理,加强中耕增加土壤的通透性,利于根的生长。

③ 除草剂使用扇形喷头来施药,减少药剂的重喷。

(四) 除草剂对土壤微生物和人畜毒性

1. 除草剂对土壤微生物的毒性

不同除草剂对真菌和细菌的影响是不同的。例如,莠去津和烟嘧磺隆对真菌的影响都是促进—抑制,而对放线菌的影响不同,莠去津是抑制—促进—抑制,烟嘧磺隆对放线菌的影响是抑制—促进。而且从使用过莠去津、烟嘧磺隆的土壤中分离出的真菌和细菌对这两种药剂的敏感性是不同的:有的表现为生长被抑制,有的表现为生长被促进。同时,在氟磺胺草醚施用后15天,细菌和真菌数量分别增加351.61%和220.00%,之后均呈下降趋势,75天后细菌数量减少68.47%;施用氟磺胺草醚,土壤脲酶活性在1天、蛋白酶和过氧化物酶活性在15天和45天、过氧化氢酶活性在1天、15天、75天后都显著降低,而转化酶活性没有显著变化。通过以上研究可以发现除草剂对土壤微生物的毒性影响是根据除草剂种类、微生物种类的不同而不同的，因此要想阐明除草剂对土壤微生物的毒性则需要具体问题具体分析。

2. 除草剂对人畜的毒性

（1）除草剂对人畜的急性毒性。除草剂具有较高的选择毒性，一般对人畜的毒性较小。据报道，除草剂急性口服LD_{50}普遍大于300毫克/千克，其中口服毒性最大的为氰草津（$LD_{50}=182\sim334$毫克/千克；小鼠），而像氟乐灵、丁草胺其LD_{30}均大于10 000毫克/千克，属于绝对安全的品种。

（2）除草剂对人畜的慢性毒性。虽然除草剂在动物体内的作用靶标与植物近似，但除联吡啶类化合物外，大多数除草剂对动物的毒性很低，但是其潜在毒性应引起重视。在2甲4氯的小鼠亚急性毒性实验中观察到小鼠表现为体重增加缓慢、粪卟啉增加、有贫血倾向、肝功能轻度损害、肝脏重量增加和肝细胞嗜酸性变，雄性小鼠睾丸萎缩和精子生成功能减退的现象，也有部分动物出现体重增长缓慢和尿胆元、粪卟啉增加倾向及脾脏的轻度含铁血黄素沉着等。而草胺膦的慢性毒性表现为：流涎、易动转变为嗜睡和不易动、震颤、共济失调、痉挛、小便失禁等临床症状，且在试验动物中出现了一只雌性动物和一只雄性动物死于心肌坏死引起的心脏和循环衰竭。虽然草胺膦无致癌、致畸作用，但是其有一定的生殖毒性，主要表现为产仔数减少、胎仔体重降低及一定的母体毒性。最新研究表明氨氟乐灵对大鼠的生长、肝脏功能、糖类代谢和脂代谢有一定影响。

五、田间杂草防治技术

杂草的防治可以追溯到人类起源的伊始，也就是说人类的历史就是与杂草相互斗争的历史。迄今为止，人类经历了人工除草、机械除草、火力除草等物理除草到化学除草的演变。化学除草是19世纪40年代发展起来的，以其作用速度快、防治彻底、经济效益高等优点而备受人们的青睐。但是近年来，长期、大面积、单一地应用后，化学除草剂也暴露出了诸多的弊端，如杂草的抗药性、农作物的药害、环境的恶化、生态平衡的破坏等越来越多的生存问题引发了人们的思考和重视。因此，应尽量应用化学防治之外的其他除草措施，即以无害化或药剂减量化为宗旨的杂草综合防治技术。

杂草综合防治是研究利用各种方法防治杂草的技术及原理。主要包括基于杂草预测预报和防治经济学基础上的杂草管理方法、杂草其他防治技术及其综合应用效应、杂草治理的理论和策略等。

(一) 农业措施

1. 深翻土壤，适当覆盖

在玉米播种前，采用机械将已出土的杂草深翻，可清除表土层的杂草；通过薄膜覆盖，可抑制杂草的光合作用，造成杂草幼苗死亡或阻碍杂草种子萌发，如利用不同颜色的地膜、涂有除草剂的药膜等进行覆盖，这样在控制杂草危害的同时，还能达到增温保湿的效果；用秸秆、干草、有机肥料等材料覆盖，可获得同样的除草效果。

2. 使用腐熟的粪肥

杂草种子往往会夹杂在粪肥、农作物秸秆、饲料残渣或剩余的农副产品中，这些材料若未经高温腐熟，遇降雨或气候适合种子便会萌发，如藜等杂草的种子可在自然界中存活数十年，这无疑增加了杂草的防治难度。因此，建议施用腐熟的有机肥，除了能很好地防除杂草外，还可有效地阻止病虫害的发生和蔓延。

3. 及时清理田边地头的杂草

道路两旁、地头或垄沟处往往是杂草滋生最为严重的地方，也是杂草防治的"盲区"。农民认为只有生长在耕地的杂草才会造成产量的损失，因此忽略了这些地方的杂草。杂草成熟后，种子随风雨自然传播，即使耕地中已经防治过杂草，杂草种子传播进来遇湿润气候便可萌发，造成危害。

(二) 物理防治

杂草的物理防治是指用物理措施或物理作用力，如机械、人工等，致使杂草个体或器官受伤受抑或致死的杂草防治方法。

1. 机械除草

利用各种耕翻、耙、中耕松土等措施进行播种前及各生育期除草，铲除已出土的杂草或将草籽深埋，或将地下茎翻出地面使之干死或冻死。随着玉米机械化耕作的推进，除草机械的出现和应用引领了除草技术上的重大变革。除草机械主要用于玉米苗期杂草的防除，如中耕除草机、除草施药机等。

2. 人工拔除

依靠人力来有效地进行拔除、割刈或锄草，是最简单、但费时费力的一种除草方式。在玉米生长过程中，可采取定期清洁农田环境，人工清除田间或田边的杂草；或作为药剂防治的辅助手段，对前期防治过程中遗漏的个别杂草进行人工拔除。

(三) 化学防治

杂草化学防治是采用化学合成的除草剂对杂草进行有效防除的方法。玉米田应用除草剂一般选择播后苗前至玉米 3~5 叶期之前。宜选用短持效的药剂、利用土壤位差选择性进行土壤封闭或土壤处理，防除位于土壤表层或浅土层的杂草；生长期宜选用选择性除草剂（如莠去津等），或选用草甘膦等灭生性除草剂、利用空间位差选择性进行茎叶处理，防除多数地上部杂草；玉米 3~5 叶期后，植株长势迅猛，杂草生长处于劣势，一般无需防治，个别地块辅以人工防治即可。

(四) 生物防治

利用杂草生物天敌控制其生长。

(五) 除草剂减量化防治技术

主要有使用大田秸秆覆盖配合土壤苗前处理剂的方式；优良的喷雾机械等农艺技术；喷施除草剂药液中加入有机硅、甲基化大豆油等适量助推剂等化学手段。除草剂的减量化使用是发展循环农业、可持续发展农业的一项有效手段。

第五章　鲜食玉米生产机械化技术

大力发展玉米生产机械化，不仅可以减轻农民的劳动强度、有效争抢农时，而且可以降低玉米生产成本，确保农艺措施到位，提高玉米产量，实现玉米生产规模化、专业化、现代化和节本增效，保障粮食安全，促进畜牧业和粮食加工业的发展。玉米实现全程机械化作业，可以大大节省劳动力，增加农民收入，增加经济效益、社会效益、生态效益。

第一节　玉米生产机械化现状

目前，一些发达国家，比如美国，玉米生产从整地、播种、收获、运输等生产环节已全面实现了机械化，基本达到了精准农业的标准，因此，一个人就可以用电脑遥控种植管理几千亩玉米，美国的约翰二代玉米联合收获机械、日本的半喂入式玉米联合收获机械都居世界领先水平。

从国外玉米生产机械化技术应用情况来看，主要是优良品种+先进的机械技术相结合，即选择适宜机械化作业的玉米品种，用先进的农业机械化技术。二者相辅相成，加之那些发达国家玉米生产多为一年种植一季，玉米有较为充足的时间在田间自然干燥，到收获时玉米籽粒的含水率很低，因此大多数国家都采用了玉米摘穗并直接脱粒的收获方式，使玉米生产实现了全程机械化、机械自动化和智能化。例如，美国先锋公司的'先玉335'等系列品种均适合机械收获，其品种特性为抗倒、穗位高度整齐、果穗和籽粒后期脱水快、果穗苞叶成熟时自然张开、植株紧凑、叶片上举，收获时田间果穗和籽粒水分降到15%~20%，收获不掉穗，破穗烂籽率很低。

近几年来，国内的玉米生产机械技术有了较大提高，玉米播种机械、施肥机械、灌溉机械、喷药机械、除草机械、收获机械等种类不断增多，机械性能日臻完善，相互配套。玉米机械收获技术与发达国家相比，虽然还有些差距，但技术性能水平都有较大提高。如自走式玉米联合收获机可自行开道，可一次性完成摘穗—剥皮—果穗收集—茎秆粉碎还田等。

中国地域广阔，玉米种植分为北方春玉米区、黄淮海平原夏播玉米区、南方丘陵玉米区、西南山地玉米区、青藏高原玉米区和西北灌溉玉米区，不同区域种植模式不同，机械化水平也不尽相同。相对而言，平原地区普通玉米的机械化水平较高，丘陵山地鲜食玉米的机械化水平较低。

第二节 玉米机械化作业过程要求与标准

一、播前准备

(一) 品种选择

东北与西北地区的春玉米为一年一熟制，秋季降温快，其中，东北春玉米以雨养为主，西北地区光热资源丰富，干旱少雨，以灌溉为主。宜选择耐苗期低温、抗干旱、抗倒伏、熟期适宜、籽粒灌装后期脱水快的中早熟耐密植玉米品种。黄淮海地区和西北一年两熟区主要以小麦、玉米轮作为主，考虑到为下茬冬小麦留足生育期，宜选择生育期较短、苞叶松散、抗虫、高抗倒伏的耐密植玉米品种。西南及南方玉米区以丘陵、山地为主，种植方式复杂多样，种植制度有一年一熟和一年多熟，间套作复种是玉米种植的主要特点，可根据不同地域的特点，选择相应的多抗、高产玉米品种。丘陵玉米区雨水多，宜选择生育期适中、抗病虫、抗倒伏的鲜食玉米品种。

(二) 种子处理

精量播种地区，必须选用高质量的种子并进行精选处理，要求处理后的种子纯度达到96%以上，净度达98%以上，发芽率达95%以上。有条件的地区可进行等离子体或磁化处理。播种前，应针对当地各种病虫害实际发生的程度，选择相应防治药剂进行拌种或包衣处理。特别是玉米丝黑穗病、苗枯病等土传病害和地下害虫严重发生的地区，必须在播种前做好病虫害预防处理。

(三) 播前整地

东北、西北地区提倡前茬秋收后、土壤冻结前做好播前准备，包括深松、灭茬、旋耕、耙地、施基肥等作业，有条件的地区应采用多功能联合作业机具进行作业，大力提倡和推广保护性耕作技术。深松作业的深度以打破犁底层为原则，一般为30~40厘米；深松作业时间应根据当地降水时空分布特点选择，以便更多地纳蓄自然降水；建议每隔2~4年进行1次。当地表紧实或明草较旺时，可利用圆盘耙、旋耕机等机具实施浅耙或浅旋，表土处理不超过8厘米。实施保护性耕作的区域，应按照保护性耕作技术要点和操作规程进行作业。黄淮海地区小麦收获时，采用带秸秆粉碎的联合收获机，留茬高度低于20厘米，秸秆粉碎后均匀抛撒，然后直接免耕播种玉米，一般不需进行整地作业。西南和南方玉米产区，在播前可进行旋耕作业。丘陵山地可采用小型微耕机具作业，平坝地区和缓坡耕地可采用中小型机具作业。对于黏重土壤，可根据需要实施深松作业。

（1）机械化深松、深耕技术。该项技术是机械化旱作农业工程技术中的关键，可打破犁底层，增加土壤蓄水能力，减少病虫害。深松、深耕作业一般在春、夏、秋季进行。春季耕深不宜过大，以防跑墒；播种时要进行1次镇压；夏季深耕要掌握"早"和"深"的原则，秋季深耕后播种的耕深宜浅。春、秋季深耕应在播种前7~10天进行。深耕的耕层应逐年加深，以防止形成新的犁底层，一般每次加深5~10厘米，耕深最深不宜大于40厘米，最浅不小于25厘米；深松最深可达50厘米，最浅不应小于30厘米。深松、深耕作业，耕深应一致。秸秆还田后深耕应覆盖严密，做到地表无杂草。

（2）机械镇压技术。机械镇压技术是用拖拉机牵引具有一定质量的铁制或石制的碾子，在播种前后对土壤进行碾压的技术。机械镇压可以压碎土块，压实耕作层土壤，以减少水分的蒸发，起到蓄水保墒的作用，还可促进作物生长。

（3）机械化秸秆直接粉碎还田技术。机械化秸秆直接粉碎还田技术是用秸秆还田机械将农作物秸秆直接粉碎并均匀地抛撒于地表，再用深耕犁进行深耕覆盖，使秸秆腐化，以改良土壤的一种技术。鲜食玉米收获后，秸秆含水量高，也可直接还田。秸秆粉碎后应及时进行深耕覆盖，以减少养分和水分流失，耕深宜在25厘米以上，秸秆粉碎还田后应进行镇压，可根据具体情况适时适量地进行镇压，确保土壤细碎，并具有一定的紧实度，保墒蓄水，以利秸秆腐烂。沙石含量较多地块不宜进行秸秆直接粉碎还田，秸秆还田时最好在立状，卧放时，机械应顺着秸秆铺放方向进行还田。

二、播种

适时播种是保证出苗整齐度的重要措施，当地温在 8~12℃，土壤含水量 14% 左右时，即可进行播种。合理的种植密度是提高单位面积产量的主要因素之一，各地应按照当地的玉米品种特性，选定合适的播量，保证亩株数符合农艺要求。应尽量采用机械化精量播种技术，作业要求是：单粒率≥85%，空穴率<5%，伤种率≤1.5%；播深或覆土深度一般为 4~5 厘米，误差不大于 1 厘米；株距合格率≥80%；种肥应施在种子下方或侧下方，与种子相隔 5 厘米以上，且肥条均匀连续；苗带直线性好，种子左右偏差不大于 4 厘米，以便于田间管理。

东北地区垄作种植行距采用 60 厘米或 65 厘米等行距，并逐步向 60 厘米等行距平作种植方式发展；黄淮海地区采用 60 厘米等行距种植方式，前茬小麦种植时应考虑对应玉米种植行距的需求，尽量不采用套种方式；西部采用宽窄行覆膜种植的地区，也应尽量统一宽窄行距。西南和南方种植区，结合当地实际，合理确定相对稳定、适宜机械作业的种植行距和种植模式，选择与之配套的中小型精量播种机具进行播种，可采用 40 厘米或 45 厘米等行距播种。

三、田间管理

（一）中耕施肥

根据测土配方施肥技术成果，按各地目标产量、施肥方式及追肥用量，在玉米拔节或小喇叭口期，采用高地隙中耕施肥机具或轻小型田间管理机械，进行中耕追肥机械化作业，一次完成开沟、施肥、培土、镇压等工序。追肥机各排肥口施肥量应调整一致。追肥机具应具有良好的行间通过性能，追肥作业应无明显伤根，伤苗率<3%，追肥深度 6~10 厘米，追肥部位在植株行侧 10~20 厘米，肥带宽度>3 厘米，无明显断条，施肥后覆土严密。

机械深施化肥技术是一项使用深施机具，按农艺要求的品种、数量、施肥部位和深度，适时均匀地将化肥施于土壤中的实用技术。该技术能提高化肥的利用率，避免和减少因施用不当而造成的损失。

1. 底肥深施

先撒肥后翻耕的深施方法，要尽可能地缩短化肥暴露在地表的时间，尤其是对碳酸铵等在空气中易挥发的化肥，要做到随撒肥随翻耕入土。此种施肥方法可在犁具前加装撒肥装置，也可使用专用撒肥机，翻耕后化肥埋入土壤深度为6厘米。边翻耕边施肥的方法一般可对现有耕翻犁具增加排肥装置，通常将排肥器安装在犁铧后面，随着犁铧翻垡将化肥施于垡面上或犁沟底，然后由后犁翻垡覆盖。施肥深度为6厘米，肥带宽度为3~5厘米。

2. 种肥深施

种肥须在播种的同时进行深施，有侧位深施和正位深施两种形式。侧位深施种肥施于种子的侧下方，玉米种肥一般为5.5厘米，肥带宽度宜在3厘米以上；正位深施种肥施于种床正下方，肥层同种子之间土壤隔离层为3厘米以上。

（二）植保

根据当地玉米病虫草害的发生规律，按植保要求采取综合防治措施，合理选用药剂及用量，按照机械化高效植保技术操作规程进行防治作业。苗前喷施除草剂应在土壤湿度较大时进行，均匀喷洒，在地表形成一层药膜；苗后喷施除草剂在玉米3~5叶期进行，要求在行间近地面喷施，以减少药剂飘移。玉米生育中后期喷药防治病虫害时，应采用高地隙喷药机械进行机械化植保作业，有条件的地方要积极推广农业航化作业技术，提高喷施药剂的精准性和利用率，严防人畜中毒、作物药害和农产品农药残留超标。

（三）节水灌溉

有条件的地区，应采用滴灌、喷灌等先进的节水灌溉技术和装备，按玉米需水要求进行节水灌溉。

（四）收获

各地应根据玉米成熟度适时进行收获作业，根据地块大小和种植行距及作业要求选择合适的联合收获机、青贮饲料收获机型。玉米收获机行距应与玉米种植行距相适应，行距偏差不宜超过5厘米。使用机械化收获的玉米，植株倒伏率应<5%，否则会影响作业效率，加大收获损失。作业质量要求：玉米果穗收获，籽粒损失率≤2%、果穗损失率≤3%、籽粒破碎率≤1%、果穗含杂率≤5%、苞叶未剥净率<15%；玉米脱粒联合收获，玉米籽粒含水

率≤23%；玉米青贮收获，秸秆含水量≥65%、秸秆切碎长度≤3厘米、切碎合格率≥85%、割茬高度≤15厘米、收割损失率≤5%。玉米秸秆还田按《秸秆还田机械化技术》要求执行。目前鲜食玉米在乳熟期收获，因籽粒含水量高，故多采用人工方式进行收获。

第三节 耕整地机械化

耕地是大田农业生产中最基本也是最重要的工作环节之一。其目的是在传统的农业耕作生产制度中通过深耕和翻扣土壤，把作物残茬、病虫害以及遭到破坏的表土层深翻，使得到长时间恢复的底层土壤翻到地表，以利于消灭杂草和病虫害，改善作物的生长环境。

一、总体要求

结合当地实际情况，利用拖拉机、灭茬机、灭茬旋耕起垄机、起垄覆膜机等进行作业，浙江地区一般畦面80厘米，单沟宽20厘米，双行种植。目前有些厂家生产不同颜色的降解地膜，在大田生产中，可根据作物及实际需要选择覆盖白膜、黑膜或其他颜色地膜。

二、耕地机械

（一）铧式犁

铧式犁应用历史最长，技术最为成熟，作业范围最广，包括犁架、主犁体、耕深调节装置、支撑行走装置、牵引悬挂装置等，主犁体为铧式犁的核心工作部件。铧式犁通过犁体曲面对土壤的切削、碎土和翻扣，实现耕地作业。

根据农业生产的不同要求、自然条件变化、动力配备情况等，在铧式犁基础上又派生出一些具有现代特征的新型犁：双向犁、栅条犁、调幅犁、滚子犁、高速犁等。

（二）圆盘犁

圆盘犁是以球面圆盘作为工作部件的耕作机械，它依靠其重量强制入土,入土性能比铧式犁差,土壤摩擦力小,切断杂草能力强,可适用于开荒、黏重土壤作业,但翻垡及覆盖能力较弱。

(三) 凿形犁

又称深松犁。工作部件为一凿齿形深松铲,安装在机架后横梁上,凿形齿在土壤中利用挤压力破碎土壤,深松犁底层,没有翻垡能力。

(四) 深松机械

针对我国土壤有机质含量低、耕层浅、犁底层厚硬、土壤理化性状差等问题开展了深松改土技术与机具研发。针对我国广大农村地区不大可能购买大型拖拉机的现实问题,研发了与中型拖拉机相配套的"振动式"深松机械,通过振动实现土壤二维切割,降低牵引阻力;抖动式深松机研发,深松铲在阻力作用下不停抖动,实现土壤断续切割,降低牵引阻力;条带深旋机研发,仅对播种条带进行局部旋耕,减少动土量,降低动力消耗。与非系动深松作业相比,振动式深松机的牵引阻力降低 13%~18%,首期深松结合施肥作业进行,一次进地完成两项作业。

三、整地机械

整地后土垡间有很大的空间,土块较大、地表不平,尚不能进行播种作业,须进行松碎平整作业,以达到地表平整、上松下实的农作物生产要求。这项工作一般由整地机械来完成。整地机械的种类很多,根据不同作业的需要有以下几种类型:钉齿耙、圆盘耙、悬耕机、镇压器等。其中,钉齿耙目前多用于畜力作业,圆盘耙和悬耕机机械化应用较多。

(一) 圆盘耙

圆盘耙始用于 20 世纪 40 年代,是替代钉齿耙的主要机具之一,目前,国内外已广泛采用,耙地机组在牵引动力的作用下,圆盘耙片受重力和土壤反力的作用边滚动边切入土壤并达到预定耙深,由于耙片偏角的作用,耙组同时完成了切割土壤、切断杂草和翻扣的工作。主要特点是,被动旋转,断草能力较强,具有一定的切土、碎土和翻土功能,功率消耗少,作业效率高,既可在已耕地作业又可在未耕地作业,工作适应性较强。

(二) 旋耕机

旋耕机应用的历史较短,用途不一,有些国家和地区作为耕地机械使用,有的用作整地机械,大多用于耕后松碎土壤和整平地表。旋耕机主要由机架、传动装置、挡土罩、平地拖板等组成。旋耕机刀片在动力的驱动下一边旋转,一边随机组直线前进,在旋转中切入土壤,并将切下的土块向后抛掷,与挡土板撞击后进一步破碎并落向地表,然后被拖板拖平。旋耕机作业时,拖拉机的动力以扭矩的形式直接作用于工作部件,不需要很大的牵引力,避免了拖拉机由于受附着力的限制,功率不能充分利用的问题。按其工作部件的运动方式可分为水平横轴式、立轴式等几种。

第四节 播种机械化

采用机械化穴盘播种育苗和自动化移栽配套技术,不但实现了苗全、苗齐、苗匀、苗壮,保证鲜食玉米移栽后大田生长和成熟整齐一致,而且消除了人工移栽造成的株距、行距、深度及直立度的不标准,便于机械统一采收。

浙江等丘陵地区受梅雨季节和诸多台风影响,旱作栽培必须开设排水沟。

播种机主要完成开沟、播种、施肥、覆土、镇压等工序。播种机工作时,开沟器开出种沟,种子箱内的种子被排种器连续均匀地排出,通过输种管均匀地分布到种沟内,然后由覆土器覆土再由镇压装置进行镇压。

播种机结构形式很多,但其构造基本相同,一般包括工作部件和辅助部件两大部分。工作部件主要有开沟器、排种器、排肥器、覆土镇压装置等;辅助装置主要有种子箱、导种管、行走装置、传动装置、挂结装置、调整装置、质量监控装置等。

对于任何一种播种机来说,核心就是排种器,它是决定播种机工作质量和工作性能优劣的重要因素,按照排种器工作原理分为机械式、气吸式和气吹式排种器。

第五节　田间管理机械化

一、中耕施肥（除草）

玉米田间管理机械化作业环节主要有中耕施肥（除草）机械和植保机械。中耕是在作物生长期间进行田间管理的重要作业项目，其主要目的是及时改善土壤状况，蓄水保墒、消灭杂草、提高地温，促使有机物的分解，为农作物的生长发育创造良好的条件。

玉米追肥机械化一般与中耕除草结合在一起进行。由于玉米播种的特点，基肥往往施用量不足，在玉米不同生长期，结合中耕适时追肥对培育壮苗获得高产至关重要。一般在中耕机具上加装一套施肥装置，一次完成中耕培土、施肥、覆盖镇压等工序。

二、植保机械

采用手动或机动植保机械，喷洒液状或粉状农药和除草剂，及时防治各种病虫害。机械化植保可大大提高作业效率，保障作业效果，减少用药，降低环境污染程度。

在玉米大喇叭口期到灌浆期使用大疆植保无人机混喷高效低毒杀虫剂、杀菌剂，如30%苯甲·丙环唑300~450毫升/公顷+200克/升氯虫苯甲酰胺50~100毫升/公顷或40%氯虫·噻虫嗪75~90克/公顷+0.2%~0.3%磷酸二氢钾，可有效防治玉米成株期叶斑病、南方锈病、大斑病、小斑病和玉米螟、草地贪夜蛾、斜纹夜蛾等病虫害（具体可参照第四章鲜食玉米主要病虫害防治技术）。

第六节　收获机械化

由于玉米种植范围广，品种和气候条件不同，以及生产措施的差异，收获时的玉米茎秆和籽粒水分差别较大。因此有不同的机械收获方式，随着社会经济的发展及机械化技术水平的提高，分段收获方式已逐步被淘汰。联合收获作业机械化程度高，可以大幅度地提高劳动生产率，减轻劳动强度，减少收获损失，因此得到快速发展和普遍使用。目前主要的收获方式有：机械摘穗+秸秆整秆铺放、机械摘穗+秸秆粉碎还田、机械摘穗+剥皮+精秆粉碎还田和穗茎兼收模式。

可采用4YZQS-2A型自走式玉米收获机，通过对收割机割台、胶辊进行改装，装配模拟人手采摘的仿生割台，最大限度地减少果穗损伤，一次性完成鲜食玉米摘穗和除杂作业，落穗率≤3%、果穗破损率<2%。

利用青饲料收割机将鲜食玉米秸秆距离地面15厘米以上部分收割离田，作为肉牛、白山羊等食草动物的青贮饲料，剩余根茬部分粉碎还田。不但实现了鲜食玉米秸秆的资源化利用，提高了经济效益，又增加土壤有机质，培肥土壤。

随着种植业结构的不断调整，鲜食玉米种植面积逐渐增加，农村土地的流转和家庭农场等新型农业经营主体的出现及农村劳动力不断向第二、第三产业转移，农村劳动力变得越来越少，劳动力成本越来越高，鲜食玉米生产成本随之增加，这对鲜食玉米生产提出了更高的要求，迫切需要加快推进"机器换人"步伐，形成以全程机械化为支撑、区域适用性广的鲜食玉米标准化作业体系，从而提升鲜食玉米生产效率、降低生产成本，并促进农业生产方式转变，增加鲜食玉米生产的综合效益和市场竞争力。

针对农业供给侧结构性改革及农村劳动力短缺的突出问题，探索以机械化为主导适宜上海地区推广的鲜食玉米绿色高效生产技术，不仅有利于提升农业生产效率、降低生产成本，而且有利于促进农业发展方式的转变，不断提高本地农业综合生产能力和市场竞争力，对于破解我国农业生产面临的"谁来种地、怎么种地"的难题具有重要意义。

第六章 鲜食玉米的采收和加工

因玉米与其他作物不同,籽粒着生在果穗上,成熟后不易脱落,可以在植株上完成后熟作用。因此,鲜食玉米是在乳熟期进行采摘,普通玉米是经过乳熟期、蜡熟期到达完熟期后进行采摘。正确掌握玉米的收获期,是确保玉米优质高产的一项重要措施。

第一节 鲜食玉米采收期的确定

普通玉米是在成熟期收获果穗脱粒,以籽粒作饲料、工业原料和粮食,而鲜食玉米则是在乳熟期采收鲜果穗,直接供应市场或速冻保鲜及加工各类罐头销售。为保证甜、糯玉米的食味品质,对采收期的时间要求十分严格,如采收过早,籽粒太嫩、水溶性多糖(WSP)含量低,风味差,产量也低;若采收过迟,籽粒老化,果皮厚,甜度下降,风味也差。只有在适宜的采收期采摘,甜、糯玉米才具有甜、嫩、黏、脆的特点,以及营养丰富、品质佳的市场需求优势。

一、甜玉米采收适期

乳熟期是甜玉米鲜食和加工采收的关键时期。乳熟期是指甜玉米果穗籽粒的胚乳中的内含物,由清浆已逐渐变为乳白色的浑浆,并随着糖分向糊精的转化,胚乳变成如面团形状,用手指轻轻地掐籽粒不冒浆水,而是黏稠的半固化乳状物,可视作采收适时的形态标准。最简单的判断方法是直观形态法,具体做法是:一看果穗,苞叶基本呈绿色,果穗顶部花丝完全变成深褐色并未干萎。二掐籽粒,用手指掐果穗中上部籽粒,不冒出清浆,而是在籽粒表皮留下明显的指痕。三品尝籽粒,即用手指剥下数颗籽粒,品尝甜味。

品尝生、熟两种鲜穗，如被品尝是不同类的样本，每品尝一类后要用净水漱口，再进行另一类样本的品尝，并按甜、中等甜、不甜3种级差，记录甜味等级。

二、糯玉米采收适期

糯玉米食用品质是与其籽粒所含的支链淀粉密切相关，在高温条件下支链淀粉转化较快，果皮也易变厚。糯玉米的适宜采收期，主要由食味决定，最佳食味期就是最适宜的采收期。对于用作鲜穗上市，或用作加工的果穗来说，正确地把握适期采收，是保证糯玉米达到高产和良好商品品质的关键。确定糯玉米的采收适期的方法，也可采用直观形态法，具体特征是：植株茎叶仍为青绿色，果穗花丝全变为深茶褐色，果穗苞叶稍微呈黄绿色。籽粒内胚乳随着失水，由糊状开始为蜡质状，故称蜡熟期。籽粒呈现该品种固有的形状和颜色，果皮硬度用手指仍可掐破，但指痕不明显。以上形态特征可视为鲜食糯玉米采收适期。

第二节　鲜食玉米保鲜贮藏

玉米果穗保鲜贮藏可有效维持果穗新鲜程度，缓解市场供需矛盾，错峰上市，增加市场供应能力，提高经济效益，促进农民增收。目前在生产实际中应用的保鲜贮藏方法主要有以下几种。

一、低温冷藏保鲜

利用低温条件，降低果穗、籽粒新陈代谢和呼吸消耗，使收摘的果穗在一定时间内能保持新鲜程度，采收后的鲜玉米穗，及时运往冷库，在1~2小时内进行预冷。方法有强制风冷却、冰水冷却等。

强制风冷却：要求温度0~5℃，相对湿度85%~90%，空气流速5米/秒，当堆放的玉米果穗中心温度达到5℃时完成冷却过程。

冷水循环冷却：喷水式冷却，由安装在产品上方的喷嘴将冷水洒在下方的产品上，下淋水再经冷冻机降温，可反复使用。浸水式是将产品浸泡在流动的冷水流中。冷却系统分为2种，一种为输送带连续式，适用于大型预冷场大量产品及需要冷却的时间较短的产品；另一种为固定分批式，适用于较少量的产品，而且需要冷却时间较长的产品。浸入冷水中冷却，应在水中加入防腐剂，防止水中微生物污染。一般鲜玉米可带苞叶装箱或装网袋入冷库预冷后，再冷藏。最好是预冷后，将苞叶和柄去掉，然后用打孔的透湿薄膜（厚0.03~0.04毫米）包装，再装箱，在冷库内堆码或架贮。保持库温0~1℃，相对湿度95%~98%，可贮10~14天。长距离输送可采用冷藏运输车，短距离则可在箱中直接加适当碎冰，一般20千克装，在大气温度30℃，产品温度4℃时，加碎冰4千克可维持24小时低温。

二、软包装罐头保鲜

将玉米剥去苞叶，并除尽玉米须。沸水预煮10~15分钟，煮透为准，预煮水中加0.1%柠檬酸、1%的食盐。预煮后用流动水急速冷却漂洗10分钟。将玉米棒切除两端，每棒长度控制在16~18厘米。玉米棒切除两端削粒可制软包装玉米粒罐头，制作技术同软包装玉米棒。按长度、粗细基本一致的两棒装袋，在0.08~0.09兆帕下抽气密封。杀菌与冷却。袋内水分在加热时会膨胀。为防止破袋，要采用反压杀菌，压力达到2千克/平方厘米。冷却时要保持压力稳定，直至冷却到40℃。干燥杀菌冷却后袋外有水，擦干或热风烘干，装箱外销。保质期可达1年。

三、常温保鲜

保鲜液配方及配制方法：安息香酸钠盐0.1%~0.3%、有机酸0.2%、肌醇六磷酸脂0.1%、维生素C 0.1%。先按配方量将安息香酸钠、有机酸溶于水中加热至沸，放凉后再加入肌醇六磷酸脂及维生素C，搅拌均匀后即为玉米保鲜液。

保鲜液浸泡前应除去苞叶，用清水冲洗干净。采下后要当天处理完毕。保鲜液使用量应以淹没过玉米为准（一般保鲜液与玉米的重量比为2:3）。保鲜贮存容器可选用塑料桶、大缸或水泥池，使用前洗净杀菌。贮存保鲜玉米，应尽可能装满容器，并加盖密封。如在保鲜液配方中补加不同香型的食品香精，还可加工成各种不同口味的水果型保鲜玉米。该法保鲜嫩玉米，一般夏末秋初操作，春节前后上市最佳。

四、速冻低温保鲜

将玉米穗放入2%的食盐溶液中浸泡20~25分钟,每加工4 000穗玉米要更换1次食盐水。将浸泡好的嫩玉米穗放入清水中冲洗5分钟。使用95~105℃热蒸气漂烫10~15分钟后,立即冷却,可采用分段冷却的方法,但最末端冷却池中嫩玉米棒的中心温度应控制在10℃左右。嫩玉米在速冻前必须采用设备沥干或自然沥干。按标准要求,将各产品规格头尾切除,加工后的玉米棒长度严格控制在17厘米(一级)、14厘米(二级)、10厘米(三级)左右。一般在-35℃的冷风中经10~15分钟速冻,使嫩玉米棒中心温度达-18℃以下。将合格产品装入塑料袋中,真空包装并装箱打包。将速冻嫩玉米棒放入-18℃的冷库内贮存,保质期为12个月。嫩玉米除整穗速冻加工外,还可进行段状速冻或粒状速冻,工艺大同小异。

将整穗或切断的嫩玉米穗装入多层复合膜中,经抽真空、密封和高温杀菌、冷却后于常温下贮藏。原料采收、整理、漂洗的要求基本与速冻相同,但蒸煮时间为10~15分钟,水温80~100℃,冷却到50℃即可装袋,进行真空密封。在真空包装机上抽真空10~20秒,然后用蒸汽或热水进行高温杀菌,冷却后除去达不到真空包装标准的产品,装箱入库待售。一般真空软包装玉米果穗在常温下保质期6个月以上。

五、真空冷冻干燥保鲜

将剥皮、去须的鲜玉米穗在-45℃下速冻后抽真空干燥至水分为10%左右,然后用聚乙烯薄膜包装,存放于室温条件下。经真空干燥处理的嫩玉米棒在常温下贮藏1年以上。此法费用较低。

六、气调贮藏保鲜

将采后的甜玉米立即降温,并将盛玉米的容器置于塑料袋中,使氧气降到5%~25%,或使氧维持在21%,而二氧化碳升到15%,并在1~2℃下贮存,可贮存3个星期左右。

嫩玉米常温保鲜。目前比较成熟可行的保鲜方法主要有两种:一是利用冷库低温速冻法;二是预煮后真空包装。前者投资较大而后者工艺繁琐。以甘藻聚糖水溶液作保鲜剂克服了利用动物血清蛋白为主料配制保鲜剂常温贮存嫩玉米所存在的成本高、保鲜完好率低等缺点，可使秋季收获的嫩玉米穗鲜贮到春节销售，气味、口感与刚采摘的基本相同。在无阳光直射的房间内，地面用砖排成30~40厘米高的通风道，将保留一层内皮的嫩玉米穗用0.5%的甘藻聚糖水溶液浸渍5分钟，捞出沥去水分后码放在通风道上即可。

第三节 食品加工和利用

鲜食玉米除了采收后保鲜贮藏外，还可以进行加工，制作成罐头、饮料等制品，以其他方式进行食用。

一、甜玉米加工技术

（一）甜玉米罐头

加工甜玉米罐头的主要设备有真空封罐机、蒸汽夹层锅、高压灭菌锅等。工艺技术要点如下。

（1）原料。要求采收成熟度适中的甜玉米穗，颗粒柔嫩饱满。

（2）剥皮、去丝。要求将外皮和穗丝去除干净。

（3）脱粒。是工艺中重要环节，采用机器脱粒，操作时要及时调整刀具中心孔基准，保证甜玉米粒完整，并及时清理脱粒机。

（4）清洗。要洗去碎的甜玉米粒及残留的穗丝、杂质。

（5）预煮。是加工的关键工序，目的是抑制甜玉米中酶活性及杀菌，并保持甜玉米特有色泽。一般可将甜玉米粒放入90~95℃的水中煮约5分钟。接着是装罐、注汤汁、真空封罐、37℃保温检验、贴标、成品入库等工序。

（二）速冻甜玉米粒

速冻甜玉米粒前一部分与加工甜玉米罐头相近。预煮后的甜玉米粒经振动沥水，再进入速冻工序。冻结时要在极短的时间内通过0℃这一最大冰晶生成带，蒸后继续降温经速冻机速冻的甜玉米粒中心温度一定要达到-18℃以下，以利贮藏和运输。称量包装、检验、装箱等工序均在10℃以下的包装间进行。最后送入-18℃的低温库中贮藏，待售。

(三) 甜玉米穗的贮藏

甜玉米穗不耐贮存，生产单位一般当天采收，当天加工。如果加工速度跟不上，可将甜玉米穗送入冷库贮藏，贮藏温度以 0~4℃ 为好。含糖量快速下降和种皮变厚是甜玉米采收后品质劣变的主要现象，原因是呼吸作用消耗糖以及糖向淀粉转化两方面。据文献报道，在 0℃ 下能保鲜 6~8 天，若改变贮藏环境的氧气和二氧化碳气体浓度，可有效地延长甜玉米的保鲜期。气调保鲜方法，包括塑料薄膜包装和多聚糖涂膜等。由甲壳素获得的壳聚糖，由于其良好的成膜性和生化特性，能防止腐败，又不会引起缺氧呼吸。它本身无毒、无味，又易分解，已成为果蔬保鲜的一种较理想的涂膜材料。

二、糯玉米加工及贮藏方法

糯玉米采收后通过降低贮存温度、缩短贮存时间来控制鲜玉米果穗的呼吸强度，可达到降低糖分降解速率、保证鲜玉米高品质的目的。由于鲜糯玉米的保鲜难度大，货架寿命短，保鲜产品注重一个"鲜"，强调一个"快"，因此要求原料从采收至杀菌完毕必须在 8 小时内完成，每一道工序都要抓紧时间。

(一) 速冻和真空保鲜糯玉米果穗

将当天采收的带苞叶果穗剥去最外面的 1~2 层，去须去柄切去秃顶和病虫危害部分，然后清洗，蒸煮 12 分钟左右，用流动冷水冷却。水煮后沥干水分或加电风扇吹干。根据市场需要选用不同规格的塑料袋封装单穗、双穗或多穗，立即在 -30℃ 以下速冻 5~6 小时，然后转入 -10℃ 左右的冷库中冷藏，待随时出售。也可以将处理好的果穗直接进行真空包装，然后在常温下保存。经速冻或真空包装后的糯玉米，只需稍加温便可食用，可保持糯玉米原有的形态、色泽与风味，满足在非生长季节人们对鲜食玉米的需求。

采收后的果穗要及时加工，不能久放，最好是当天采收当天加工，以保持糯玉米的新鲜香味和营养价值。工艺流程：鲜果穗→去苞叶→清洗（擦干）→水煮→冷却→沥干→封装→速冻→冷藏。

(二) 糯玉米籽粒罐头

糯玉米籽粒适宜制作罐头，其硬度适宜，加工脱粒方便，破碎粒少，便于贮运，口味较佳，省工省料，效益较高。

糯玉米果穗采收后，先将苞叶和花丝去掉，然后用清水漂洗干净，经95℃预煮10分钟或100℃蒸汽蒸15分钟，完成定浆过程。蒸煮后用清水及时冷却，使穗轴温度降到25℃以下，捞出沥干。手工或机械脱粒，脱下的籽粒用40℃温水漂去浆状物、碎片、花丝及胚芽。然后装罐，装罐时玉米粒重与汤汁（20%的蔗糖水或清水）重量的比例一般在1∶0.45左右。在53~60千帕、100℃下排气30分钟后封灌，118℃下杀菌处理20~30分钟，即为成品。工艺流程为：原料→去苞叶→预煮→脱粒→装罐→配汤料→排气封灌→灭菌→成品。

（三）糯玉米羹罐头

加工工艺与整粒罐头基本相同。但代替脱粒工序的是切粒刮浆，然后在玉米糊中加相当于玉米糊重量70%的水、5%的砂糖和1%左右的精盐搅拌均匀，预煮1~2分钟后装罐。

（四）糯玉米饮料

在追求杂粮细吃的今天，许多消费者酷爱食用青穗玉米，但其青食时间短暂。将青穗糯玉米制作成饮料，不但保持了糯玉米原有的鲜美风味，还保持了糯玉米原有的营养成分，食之有助于预防胆固醇上升，减少动脉硬化、心肌梗死等其他心血管疾病的发生，解决了糯玉米青食的季节性问题。

（1）采收原料。一般情况采用授粉后22~26天的糯玉米皮薄、味美，用于制作饮料最适宜。采收时间为凌晨低温时进行，采收后须立即进行整理或送冷库速冻保藏，以免夏秋季节气温较高引起变质。

（2）整理。采用人工或使用玉米苞衣剥除机除去苞衣、穗须，用高压水进行冲洗。剔除采收时混入的不合加工要求的果穗。

（3）铲籽。用往复式玉米籽机切下籽粒，并刮去玉米轴上残留的浆液。

（4）打浆、细磨。切下的玉米籽及刮取的浆液经加入5倍重的水用打浆机打浆，筛孔直径为0.5毫米，除去玉米轴碎片及其他杂物。然后再用胶体磨进行细磨转入搅拌缸中待用。

（5）配料配方（供参考）。玉米浆10千克、白砂糖1.5千克、柠檬酸12克、复合乳化剂40克、异维生素C钠1克、乙基麦芽酚1.5克。调配方法：将粉末状稳定剂拌入砂糖中加温水溶解制成糖水，然后再将玉米浆与糖水、乙基麦芽酚等其他辅料调配，加水定容后用柠檬酸调整pH值为3.8。

(6) 均质。将调配好的混合液预热至 70℃，用高压均质机均质 2 次（均质机启动后压力逐渐调整至 25 兆帕，第二次压力为 15~20 兆帕，温度为 65~70℃）。

(7) 排气、灌装、灭菌、冷却。将浆液进行真空脱气，真空度为 0.06~0.08 兆帕，温度为 60~70℃。用灌装压盖机组定量灌装并封口，然后送入杀菌锅中进行加热灭菌。灭菌完毕迅速投入流水中冷却或喷淋冷却，使温度尽快降至 40℃ 以下。

(8) 检测、贴标、装箱。待灌装容器外侧擦干或吹干后进行检测，合格者贴上标签进行装箱即为成品。

(五) 糯玉米食品

糯玉米籽粒煮熟后，黏软清香、营养丰富，配以红枣、小豆、桂圆等辅助调料，可制作营养八宝粥等特色食品。利用糯玉米粉可以替代糯稻米粉，用作食品增稠剂或制作人们喜爱的各种黏性小食品。随着现代食品工业的发展和玉米产品的不断开发，可以用糯玉米粉为主要原料制作营养玉米片、人造营养米、精玉米粥、糯玉米面条等速食及方便食品。

玉米片是典型的早餐谷类食品，用热牛奶或开水冲泡即可食用，它营养丰富、香甜酥脆、风味独特，是国内外市场上很受欢迎的一种方便食品。在欧美国家，玉米片非常盛行，有米香、奶香、醇香等多种口味，很受消费者欢迎。制作玉米片时，将原料糯玉米粒和糖浆以 5.5:1 的比例混合，在圆筒形加压罐中，加压 1.27 千克/厘米，蒸煮 1~2 小时，后经干燥和"回火"，使水分降低到 20% 左右。然后在滚筒式压片机中压成十分薄的片状，即可装袋出售。

人造营养米是以糯玉米面为主要原料，按不同比例掺入面粉、大豆粉、大米粉、小米粉、小麦胚芽粉等，经着水搅拌和膨化成型而制成的半透明凝胶颗粒状方便食品。其外形很像大米，食用时用冷开水或热水浸泡片刻即可。适于用作夏季家庭快餐食品或野外作业及旅行食品。人造营养米的生产过程是将糯玉米加工成细面，加适量的水，搅拌混合使其含水均匀，然后进入玉米主成型机，原料在机器里经过膨化、成型两道工序，然后通过风力输送，把米粒送进烘干机。通过烘干使分子间的游离水汽化，直到降至安全储藏水分为止。然后根据原料的粒度进行筛选，除去大颗粒、粘连粒和碎米、粉末等，使米粒整齐均匀，最后定量包装。

糯玉米粥是以糯玉米粉为主料，配以麦片、奶粉等辅料，采用挤压膨化技术加工而成的。具有玉米的天然芳香味，口感细腻、清爽可口。特别是具有防病、抗病、抗衰老和促进儿童正常生长发育的微量元素。

糯玉米面条是用30%~50%的糯玉米粉与50%~70%的小麦面粉混合而制成的特色风味面条。糯玉米面条口感鲜美淡香，筋道滑爽，营养价值高，市场前景好。

（六）用于酿造

糯玉米可以用来酿造白酒、黄酒和啤酒，不仅出酒率明显高于普通玉米，而且产品质量、色泽和风味均大幅度提高，可以替代糯稻。

（七）加工淀粉和淀粉糖

以糯玉米为原料生产支链淀粉，省去了分离和变性工艺，从而大幅度提高淀粉产量和质量，降低生产成本，提高经济效益。支链淀粉是一种优质淀粉，其膨胀系数为直链淀粉的2.7倍，加热糊化后黏性高、强度大，可作为多种食品工业产品和轻工业产品的原料。我国支链淀粉需求量大，而且主要靠进口，因此，用糯玉米为原料生产支链淀粉具有较好的市场发展前景。另外，利用糯玉米淀粉生产淀粉糖，可以简化工艺流程，更利于用酶法制糖取代酸法制糖，提高产品质量和产量。

第七章 秸秆的利用

传统农业社会生产力水平低、产量低,秸秆数量少,秸秆除少量用于垫圈、喂养牲畜,部分用于堆沤肥外,大部分都作为燃料烧掉或者在地头焚烧。随着农业生产的发展,粮食产量大幅提高,秸秆数量急剧增加,加之我国新农村建设的不断深入和农村经济的发展,省柴节煤技术的推广,烧煤和使用液化气的普及,农民对秸秆的依赖度越来越低,直接将其燃烧以供生活能源所需的比例正在逐渐减小,使农村有大量富余秸秆。因稻秆过剩而滋生的违规焚烧现象屡禁不止,不但浪费资源,还严重污染环境,造成严重雾霾天气,威胁交通运输安全。

由于地理位置、气候条件、社会文化、传统习惯的不同,各地区的作物秸秆结构和组成有所不同。就秸秆的种类而言,全国稻谷秸秆的年产量和所占比例最高,玉米秸秆次之,小麦秸秆排在第三位。水稻、玉米和小麦一直是过去60年里主要的农业生物质资源,其秸秆产量约占全国农作物秸秆总产量的2/3。

第一节 秸秆肥料化

秸秆肥料化主要指秸秆还田。秸秆还田不仅可以优化农田的生态环境,稻秆中的营养成分可以增加土壤中的养分和有机质含量,调节土壤物理性能,改造中低产田,培肥地力,减弱氮、磷、钾肥比例失调的问题,抗旱保墒,增加作物产量。秸秆还田对农业的可持续发展具有重要的意义。高产田建设的基本措施是培肥土质地力、改良土壤、增加土壤有机质、补充和平衡土壤养分和保持水土。秸秆还田在这方面起到了一定的作用。但秸秆还田就地掩埋的方式也是有弊端的,还田的秸秆不能及时腐烂变为肥料,而多次掩埋，就会增加土壤的负担，使土壤的肥力反而下降。为提高高效农业生产，提出了采用粉碎的秸秆还田的养地方法，使用机械粉碎抛撒田间进行还田。但是秸秆还田的效果与秸秆的数量、土壤水分、粉碎程度、质地密实本身难以降解等因素有关，使得在实施过程中秸秆还田技术仍然存在较大的推广阻力。

一、秸秆直接还田技术

秸秆直接还田，可分为秸秆人工直接还田和秸秆机械化还田，秸秆机械化还田是秸秆直接还田的主要形式。秸秆机械化还田，就是由动力机械驱动还田机具，将农作物秸秆按照不同的形式直接还田。这种方法较传统的秸秆还田省去多道作业工序，与人工直接还田相比，可大大提高工效，减轻劳动强度，而且可以把握住农时季节，提高作业质量，同时也是培肥地力、促进农业增产增收的有效措施。

机械还田是用联合收获机械将秸秆粉碎后抛撒，然后进行耕翻掩埋，使得秸秆的营养物质保留在土壤里，主要应用于机械化程度较高的大田农作物。目前还没有适用于小地块的便于操作的还田机械，机械还田的成本对于农民来说过高。

直接还田技术要点：农作物收获后，人工将秸秆经初粉碎或直接均匀地铺撒于农田，再以犁耕作业为主要手段，将整株或粉碎后的秸秆直接翻埋到土壤中。同时，配套应用合理的施肥、灌溉技术，以提高秸秆还田的培肥效果。该利用模式的优点是适用性广泛，不受农作物品种、交通不便等条件限制，利用成本低，农户易于接受。缺点是秸秆自然腐烂速度较慢，影响下茬农作物种植操作。

（一）秸秆机械化还田技术

技术内容：借助中型拖拉机、秸秆还田机机组等农机具，一次性完成秸秆切碎、灭茬、旋耕、混合和覆盖，达到秸秆全量还田的目的，主要包括秸秆翻压还田、秸秆混埋还田和秸秆覆盖还田。秸秆翻压还田是以犁耕作业为主要手段，将秸秆整株或粉碎后直接翻埋到土壤中。秸秆混埋还田是以秸秆粉碎、破茬、旋耕、耙压等机械作业为主，将秸秆直接混埋在表层和浅层土壤中。秸秆覆盖还田是保护性耕作的重要技术手段，包括留茬免耕、秸秆粉碎覆盖还田和秸秆整株覆盖还田。

根据各地农作物种植方式、还田机械、农艺措施和地理环境要求的不同，秸秆机械化还田的方式主要有：秸秆机械化粉碎翻埋还田、秸秆机械化粉碎覆盖还田、秸秆机械化整株翻埋还田、秸秆机械化整株覆盖还田、留高茬直播还田。

1. 秸秆机械化粉碎翻埋还田

（1）犁耕还田。流程为：联合收获（或人工收获）→秸秆机械粉碎、抛撒→碎茬（可省略）→施底肥→犁耕→耙地整平以备播种。

联合收获并利用其附带的粉碎机将秸秆全量粉碎后，均匀抛撒在地表（或者人工收获后，用独立的拖拉机牵引粉碎机及时将秸秆粉碎抛撒），若粉碎程度不够，可再进行二遍粉碎，之后要使用旋耕机（最好纵横二次）或其他耙具（如重型缺口耙）对秸秆和根茬进一步耙切，使作物根茬和碎秸秆均匀分布在土层中。但是为了节约成本，华北地区的农民往往省略掉了这一步。施入底肥后及时采用拖拉机深翻20厘米以上，尽量覆盖严密（底肥也可用施肥播种机进行施肥），最后采用旋耕机（或钉齿耙）等机具，并结合人力将土地整平，以便播种下茬作物。

（2）旋耕还田。流程为：联合收获（或人工收获）→秸秆机械粉碎、抛撒→施底肥→旋耕→播种。

流程中前两步与犁耕还田相同，秸秆粉碎抛撒后施入底肥（底肥也可用施肥播种机进行施肥），再使用旋耕机进行作业，一般旋耕2次以上，使粉碎的根茬和秸秆均匀分布在0~15厘米的土层中，之后可以直接播种下茬作物。

玉米秸秆粉碎程度以不超过10厘米为宜。此外，由于秸秆本身的碳氮比较高（玉米秸秆约为53∶1，小麦秸秆约为87∶1），在分解过程中容易产生微生物与下茬作物幼苗争氮而影响幼苗生长的现象，因此一般情况下，玉米还田秸秆量为7 500千克/公顷时，施尿素150~225千克/公顷，施磷肥75~150千克/公顷，以便加快秸秆腐解，尽快变成有效养分。

2. 秸秆机械化粉碎覆盖还田

流程为：联合收获（或人工收获）→秸秆机械粉碎、抛撒→免耕播种。前两步同上，然后用免耕播种机将作物直接播种在茬地上。由于秸秆在地表分解，基本不存在微生物与幼苗争氮肥的情况，所施用底肥主要用于幼苗的生长。秸秆覆盖可以有效减少土壤水分的蒸发，达到节水保墒抗旱的目的，并且腐烂后的秸秆可增加土壤有机质，只是地表上的秸秆分解速度较慢。该技术是保护性耕作的关键技术之一，在一年一熟地区推广应用具有更大的意义，必须与深松、免耕播种技术相结合，适应范围较广。在河北南部、河南、山东等地，该技术多适用于小麦。

3. 秸秆机械化整株翻埋还田

流程为：人工摘穗→施底肥→秸秆定向压倒扶顺与深耕→整地→后茬作物播种→盖（压）。

玉米基本成熟后，在不影响玉米产量的情况下，尽量在茎叶还比较青绿时进行翻埋，以保持秸秆的水分和养分，加速秸秆入土后的腐解速度。把玉米穗收获后施入底肥，然后用复式作业机组将拖拉机前直立的玉米秸秆定向压倒并犁埋于沟底，最后用旋耕机或钉齿耙将地整平以备播种。

需要注意的是：①必须采用较大功率的拖拉机和大型犁具才能达到较好的覆盖效果；②作业方向必须是耕向与垄向相一致；③在一年一作地区，整秆翻埋还田地块，在次年播种前，应采用缺口耙或旋耕机进行播前整地，采用滑刀式开沟器播种机作业更为理想。

4. 秸秆机械化整株覆盖还田

主要有三种形式：

一是半耕整秆半覆盖还田。玉米成熟后，人工收获玉米穗，把割下的玉米秆按一定的行距顺行覆盖，一半盖一半不盖（第二年再换行覆盖）。不盖秸秆处进行耕翻、施肥、播种，主要适用于一年两熟地区，要在玉米收获后及时耕翻。耕翻前可施用一定量的化肥作底肥，一般每公顷施碳铵、磷肥各750千克或硝酸磷肥600千克。

二是全耕整秆半覆盖还田。玉米收获后，将秸秆放到田边，全面耕翻后，再按上述办法进行覆盖、施肥、播种。

三是免耕整秆半覆盖还田。秋收后不翻耕、不灭茬，将玉米顺垄割倒或用农机压倒，均匀铺在地表，形成全覆盖。翌年春播前按行距宽窄，将播种行内秸秆放到垄背上形成半覆盖，然后免耕播种。施肥量以常规施肥量为基础再增施15%~20%，播种时一次施入。主要适用于一年一熟地区使用单行播种机的山区小块地上推广。

玉米秸秆整秆覆盖还田的主要农艺技术要求：①玉米收获前浇一次水，可保持土壤墒情，利于秸秆腐解和后茬作物播种。②秸秆铺放要均匀，并根据长势和株数确定铺放数量,力争做到全量还田。③一般每公顷需补施55千克纯氮和70千克磷,并结合整地一次施足。④耕深要在25厘米以上;翻埋后要耢耙、压实、整平,为播种创造条件;隔3~5年深耕、普耕一次。⑤除草剂的喷施一般在播后出苗前进行,持续干旱时一般不要喷施除草剂。

5. 留高茬直播还田

一年一熟流程为:玉米收获并留高茬→越冬→春季免耕播种。

玉米收获后,为满足保护性耕作的要求,玉米留茬高度在30厘米以上(有的地区整秆留在地里),立茬越冬,利用残茬、杂草覆盖来防止风蚀、水蚀,在次年春季采用免耕施肥播种机进行施肥和播种。若春播时风力不大,可以进行灭茬作业,春播前灭茬要根据土壤墒情和天气情况选择好灭茬作业时机,防止土壤失墒。灭茬深度一般以10厘米为宜,也可采用碎茬精量播种机,一次性地完成苗带灭茬、精量播种、化肥深施。

一年两熟流程为:小麦机械收获并留高茬(20~30厘米)→玉米免耕播种(或玉米人工提前播种→小麦机械收获并留高茬)。

(二)秸秆直接还田利用注意事项

1. 提高秸秆粉碎质量

秸秆粉碎的长度原则上越短越好,一般秸秆还田长度应小于10厘米,粉碎后要均匀地施用。对还田的地块、田块尽量要先用旋耕机作业一遍,使秸秆和土壤充分混合拌匀,利于秸秆分解腐烂。

2. 配合补施氮、磷、钾等肥料

大量农作物秸秆还田后,并不能完全满足农作物对养分的需求,要通过配合补施氮、磷、钾等多种成分的化肥或配方有机肥,使土壤中养分全面合理,以充分满足农作物生长所需,同时也有利于秸秆分解腐烂。

3. 消灭秸秆中的病原体

农作物秸秆本身会带有病菌,带病的秸秆不能直接还田,否则易发生病害。对带病秸秆最好经过高温发酵腐熟后还田,以防止病害传播。

(三)秸秆机械化还田存在的问题

1. 秸秆腐烂困难

与主要西方国家实行土地轮耕、休耕制度不同,中国农作物复种指数高,一年两作甚至三作,两茬作物接茬时间短,最短为1周,最长不过1个月，由于秸秆腐熟时间短，管理不好还会有副作用。

2. 影响下茬作物出苗

秸秆翻压还田后，使土壤变得过松，孔隙大小比例不均、大孔隙过多，导致跑风，土壤与种子不能紧密接触，影响种子发芽生长，使作物扎根不牢。此时应该采取的措施是适时灌水，使土壤与种子接触紧密，能够正常发芽。或者是加大粉碎细度，但这样会增加能耗，加大成本。

3. 易发生病虫害

秸秆中的虫卵、带菌体等一些病虫害，在秸秆直接粉碎过程中无法杀死，还田后留在土壤里，病虫害可能会直接发生或者在土壤中越冬后来年发生。

4. 还田机械不配套

主要是作业指标不高、型号不齐全、牵引动力与还田机械作业能力不匹配等。

5. 部分地区存在秸秆还田量过多问题

秸秆还田量并不是越多越好，在大量或过量还田时，秸秆还田对土壤与作物的边际效益逐步减少，机械化作业难度加大，成本增加。

二、秸秆间接还田技术

秸秆间接还田技术即将农作物秸秆堆腐沤制后还田，主要有秸秆过腹还田、秸秆菌糠还田、秸秆腐熟还田、堆沤发酵还田、秸秆气化废渣还田等。过腹还田是利用秸秆饲喂牛、猪、羊等牲畜，经消化吸收变成粪、尿，以粪尿施入土壤还田。这种还田方式实质上是使用有机肥，具体施肥量应参照当地水平。秸秆腐熟还田技术是指在秸秆中加入动物粪尿、微生物菌剂、化学调理剂等物质后，经人工堆积发酵成有机肥料的一种还田技术，具有改良土壤、培肥地力、保护环境等良好作用，是利用废弃农作物秸秆的有效措施。堆沤发酵还田是将农作物秸秆制成堆肥、沤肥等，经发酵后施入土壤。秸秆气化废渣还田是指将秸秆经沼气池等气化后的废渣作为肥料还田，或秸秆经不完全燃烧后，变成保留养分的草木灰作肥料还田。

（一）过腹还田

秸秆过腹还田是秸秆在动物腹中经过消化，吸收了部分营养，其余的变成粪便排出。但是，这些生粪不能直接用作肥料，必须经过微生物分解，也就是腐熟处理。常用的腐熟方法是高温堆肥：将粪便取出，集中堆积在平坦的场地上。堆起的高度一般1.5~2米为好。在堆放过程中不要踩实，应有足够的通气空间，有助于微生物活动。堆好后，通常2~3个月肥料即腐熟完成。如果不急于使用，最好将肥料再翻打一次，使其内外腐熟一致。如有条件，可用塑料布将腐熟的肥料盖起来，以防雨水的渗入而影响肥料的质量。腐熟后的粪便会和以前有明显的差别，从颜色上看，腐熟的粪便要比生粪颜色更深；从气味上没有了圈肥难闻的臭味，而且不招苍蝇；从性状上看，生粪比较粗糙，而腐熟好的看上去更加松软，呈粉末状。粪便经过高温沤制，变成了养分均衡的有机肥。但有机肥养分含量低，肥效长，通常是作为底肥施用，有改良土壤性质的作用。

（二）堆沤发酵还田

堆沤发酵还田技术要点：在农作物成熟收获后，随清地将农作物秸秆就近运到田地边或废弃地；堆制场地四周起土40厘米以上，堆底压平、拍实，防止跑水；每100千克秸秆加入尿素2千克，生物菌剂0.8千克，或加入50千克的人畜粪尿；将秸秆按同方向堆砌，一般宽1.5~2.0米，高1.0~1.2米，长度不限；堆积50厘米时浇足水，使秸秆含水量达到65%~68%，料面撒适量尿素和生物菌剂，再堆砌秸秆50厘米，按同样方法撒尿素和生物菌剂，一般堆3~4层为宜，最后用黄泥封严；经高温堆沤发酵，可使秸秆腐熟时间提早18~20天。经堆沤后再均匀地施入农田。

该利用模式的优点是将秸秆与人畜粪尿等有机物质经过堆沤腐熟，不仅产生大量腐殖质，而且产生多种可以供农作物吸收利用的营养物质，如有效态氮、磷、钾等，可生产高品质的商品有机肥；同时，通过高温堆沤发酵，能杀死大部分秸秆本身带有的病菌，有效防止植物病害的蔓延。缺点是操作过程相对繁琐，人工投入较多。

第二节 秸秆饲料化

农作物秸秆中富含农作物光合作用一半以上的产物，且富含N、P、K、Ca、Mg和部分有机质等。由于秸秆种类的不同，不同作物秸秆的营养价值差异较大。有研究证明，稻草秸秆、小麦秸秆和玉米秸秆的营养成分含量差异很大，其中粗蛋白质含量以玉米秸秆最高，木质素含量以小麦秸秆最高，干物质量以稻草最高。同一作物秸秆不同部位的营养价值不同。例如，玉米秸秆中木质素主要集中在茎皮，且木质化程度也是最高的，降解最少；而叶片的木质素和纤维素质量分数最低，粗蛋白质和半纤维素质量分数最高。收获期不同也导致秸秆营养价值的差异。作物成熟收获前期营养价值较高，成熟后随着时间的推移营养价值越来越低。有研究证明，甜玉米秸秆冬季在摘穗后6天内收割，夏季在摘穗后9天内收割营养价值较高。

秸秆饲料的处理技术主要有物理加工和化学加工技术，不仅提高了利用率，而且使粗蛋白增加。物理加工处理方式主要有秸秆膨化、秸秆压块、秸秆颗粒饲料加工等；化学加工方式主要有秸秆青贮、秸秆氨化、秸秆微贮（黄贮）、秸秆揉搓丝化，其中青贮、氨化、微贮（黄贮）三种加工处理方式，除了改善饲料的适口性和提高消化率之外，显著改善了秸秆饲料的营养价值，是目前应用最为广泛的处理技术。

一、秸秆物理加工技术

物理加工包括机械处理和蒸煮处理。机械加工利用机械将秸秆铡短、粉碎、压块等，是最简便、最常用的加工方法。适度的秸秆粉碎能提高动物的消化吸收率，这主要是因为粉碎物料与消化酶作用表面增大。通常牛饲用秸秆长度为4~5厘米，羊用秸秆长度为2~3厘米。任何物料都不可粉碎得过细，牛大量吃进过细饲料后，会影响其瘤胃功能和反刍，或者尚未被微生物充分发酵就通过了瘤胃。目前，国内外采用的主要粉碎设备是卧式锤片粉碎机和立轴式粉碎机。蒸煮处理使植物茎秆软化，提高适口性和消化率。

（一）压块饲料

压块饲料是秸秆经机械铡切或揉搓粉碎，配混以必要的其他营养物质，高温高压轧制而成的高密度块状饲料或颗粒饲料。具有体积小、比重大、运输方便，不易变质、便于长期保存，适口性好、采食率高，饲喂方便、经济实惠等优点。适宜的原料主要有玉米秸、麦秸、稻秆、豆秸、薯类藤蔓等。

（二）秸秆干燥技术

秸秆干燥是利用热能将物料中的水分蒸发排出，获得固体产品的过程，简单来说就是加热湿物料，从而使水分气化的过程。对于秸秆干燥有两种选择方式,一是自然干燥,二是人工干燥,即通过干燥机干燥。自然干燥一般没有什么特殊要求,但是人工干燥就需要很好地控制干燥温度。秸秆中含有大量的纤维素、半纤维素、木质素(木素)、树脂等物质,在较高温度下,木素开始软化并具有黏性,所以干燥中必须考虑到木素的软化问题。秸秆的着火点很低,高温容易发生火灾事故,干燥温度控制在80℃左右比较适宜。

1. 自然干燥

自然干燥就是让原料暴露在大气中,通过自然风、太阳光照射等方式去除水分。这是最古老、最简单、最实用的一种生物质干燥方法。原料最终水分与当地的气候有直接关系,是由大气中水分含量决定的。自然干燥法不需要特殊的设备,成本低,但易受自然气候条件的制约,劳动强度大、效率低,干燥后生物质的含水量难以控制。根据我国的气候情况,秸秆自然干燥水分一般在8%左右。一般来说,如果没有特殊要求,对于生物质秸秆的干燥还是倾向于采用自然干燥技术。

2. 人工干燥技术

人工干燥技术是利用干燥机,靠外界强制热源给秸秆加热,从而将水分气化的技术。这种干燥机是根据所需物料产量、水分含量而专门设计的,并能准确地控制水分。不同种类的秸秆其干燥技术也不尽相同,现在主要有流化床干燥技术、回转圆筒干燥技术、筒仓型干燥技术。对一般秸秆而言,可以采用筒仓型干燥机进行干燥。

3. 切割技术

农作物秸秆的切割就是改变秸秆的几何尺寸。用来切割秸秆的设备被称为切割机。软质秸秆切割机即通常所说的铡草机,也叫切碎机,玉米秸、麦秸、稻草、谷草、棉花秆、烟秆等秸秆都可以用铡草机处理。铡草机按机型大小可分为小型、中型和大型。小型铡草机适用于广大农户和小规模饲养户,用于铡碎干草、秸秆或青饲料。中型铡草机也可用于切碎干秸秆和青饲料,故又称秸秆青贮饲料切碎机。大型铡草机常用于规模较大工业化生产。切割技术主要是改变了秸秆的几何尺寸,同时秸秆的堆密度增大,流动性能增强,这些改变都有利于生物质秸秆的利用。

4. 粉碎技术

固体物质在外力作用下,由大块碎裂成小块或者细粉的过程,称为粉碎。物料粉碎以后,表面积增大,混合更加均匀;颗粒度减小,便于贮藏和运输。通常，大块物料破裂成小块（粒度为1~5毫米）的过程称为破碎；小块物料碎裂成细粉（粒度小于1毫米）的过程称为粉磨。完成破碎和粉磨操作的机械，分别称为破碎机械和粉磨机械，它们又统称为粉碎机。粉碎机种类很多，有些粉碎机对物料尺寸、水分含量有一定要求，适用于秸秆的粉碎机类型不是很多，常用的多是锤片式粉碎机。目前市场上粉碎机存在的主要问题是转子平衡差、粉尘浓度高以及噪声大等。秸秆粉碎后，其几何尺寸变小、密度增大、流动性能增强，这些改变有利于生物质秸秆的利用。

二、秸秆微贮技术

秸秆微贮是在农作物秸秆中加入微生物高效活性菌种——秸秆发酵活干菌，在密封的容器（如水泥窖或土窖）中贮藏，经过一定的发酵过程，使农作物秸秆变成具有酸香味，是草食家畜喜食的饲料。该技术的关键是选择高效的活性菌种。微贮后的秸秆全面优于未处理秸秆。在同等精料和相同饲料管理水平条件下，秸秆微贮饲料对反刍家畜的饲喂效果相当于秸秆氨化饲料。制作微贮饲料可利用农牧区现有的青贮窖或氨化窖，以及铡草机和拖拉机等机械设备，不需增加新的设备。

（1）先将菌剂倒入200毫升冷水中充分溶解，然后在常温中放置1~2小时使菌复活。现配现用，不可过夜。

（2）秸秆可铡碎成2~3厘米的长度。

（3）在窖底铺放20~30厘米厚的粉碎秸秆，均匀喷洒菌液水，然后踩实，尤其注意窖的四周及角落处。

（4）压实后再铺放20~30厘米厚的秸秆，均匀喷洒菌液水，踩实。如此一层层装填原料，直到高出窖口40厘米时再封口。

（5）在最上层再均匀撒上食盐粉，食盐用量每立方米250克。其目的是确保微贮饲料不发生霉变。再盖塑料薄膜，上面铺20~30厘米厚的稻草或麦秸，再覆土15~20厘米，密封。

（6）21~30天后（冬季贮的时间长些）取喂。取时要从一头开始，从上到下逐段取用，取出的秸秆当天喂完。每次取喂后必须立即封严。

青玉米秸秆微贮后呈橄榄绿色；麦秸、稻草微贮后呈金黄色。如变成褐色、墨绿色则质量低劣。发酵香味和果香味，并具弱酸味。质地柔软湿润。如发黏说明开始霉烂；如手感干燥粗硬，为发酵不良，菌种差，水分不足。

三、秸秆青贮技术

青贮饲料能够长期保存青绿多汁饲料的特性,扩大饲料资源,保证家畜青绿多汁饲料的均衡供应,保存期达 3~4 年。青贮是目前改进秸秆饲喂价值的主要方法,其原理主要是通过发酵,利用青贮原料中的可溶性碳水化合物(主要是糖类)合成有机酸(主要是乳酸),使 pH 值下降为 3.8~4.2,以抑制各种微生物的繁衍,达到保护饲料的目的,同时提高了饲料的适口性,解决了在冬季由于缺乏青饲料和晒制过程而导致的养分损失问题。

调制青贮饲料还要掌握好适宜的水分含量(60%~75%)及切短、压实和密封于适宜的环境温度。判断青贮原料水分含量的简单办法是:将切碎的原料紧握手中,然后手自然松开,若仍保持球状,手有湿印,其水分含量在 68%~75%;若草球慢慢膨胀,手上无湿印,其水分在 60%~67%,适于豆科牧草的青贮;若手松开后,草球立即膨胀,其水分在 60% 以下,只适于幼嫩牧草低水分青贮。发现原料含水量过高,可加入一些干草、麦秸等含水量少的原料,加以调节。发现原料含水量过低,可加入一些非常嫩绿、新割的植物交替填装,混合贮存。也可以根据含水量和切碎情况,补加清水。加水时,必须喷洒均匀,不要使原料干湿不匀。

(一)青贮饲料操作方法

1. 收割及时

注意掌握好青贮原料的刈割时间并及时收割。

2. 快速运输

原料收割后要及时运至青贮地点,以防耗时过长造成水分蒸发、细胞呼吸及物料氧化作用造成营养损失。

3. 料长合适

一般将原料切成长 2~3 厘米,以利于装窖时踩实、压紧、排气,同时沉降也较均匀,养分损失少。此外,切短的植物组织能渗出大量汁液,有利于乳酸菌生长,加速青贮过程。

4. 装窖

将青贮原料的水分含量调至 60%~75% 后开始装窖,随装随踩,每装 30 厘米厚踩实一次,尤其是边缘踩得越实越好。尽量一次装满全窖。

5. 盖草封土

装填量需高于边缘 30 厘米，以防青贮料下沉。周围用木板等围好，2~3 天下沉后除去木板，盖上一层切短至 5~10 厘米、厚度约 20 厘米的青草，然后盖土踩实，盖土的厚度为 60 厘米，堆成馒头形状，拍平表面，并在窖的周围挖排水沟。最初几天应注意检查，发现盖土裂缝及时修好。采用塑料薄膜覆盖法制作青贮时，其他步骤与一般青贮相同，但应注意最后覆盖塑料薄膜后压土或压上其他重物，薄膜应严格密封，防止漏气。

经过 2~3 周的厌氧发酵，青贮饲料就可以饲喂。品质优良的青贮饲料压得非常紧密，但拿在手上又很松散，质地柔软，略带湿润，叶和茎保持原来的状态，并且纹理清晰。颜色非常接近作物的颜色，气味酸香、柔软多汁，用手接触后，手上留有极轻微的酸香味和芳香味，略带酒香，可饲喂各种家畜。品质中等的青饲料，呈黄褐色或暗绿色，质地柔软，稍干或水分稍多；闻起来，香味极淡或没有；有的具有明显的酸味，略有刺鼻感。品质低劣的饲料呈黏滑状，黏成一团，说明水分过多；质地松散，干燥粗硬，说明水分过少。低品质的饲料，多为黑褐色，发霉的还有白色物质，与青贮原料的原色有显著差异，闻起来，有一种特殊的酸臭味，腐败发霉，刺鼻难闻。一般说来，禾本科饲料作物和牧草含糖量高，容易青贮；豆科饲料作物和牧草含糖量低，不易青贮。

（二）青贮玉米秸秆技术

1. 青贮玉米秸秆技术要点

（1）青贮原料切割要短，踩踏要实，密封要严。

（2）青贮原料应采用含糖量高的作物，必须保证乳酸菌的大量繁殖。

（3）青贮原料的含水量应保持在 70%。

（4）原料切碎，长度以 2~5 厘米为宜，铡草、装料必须当天完成。

2. 青贮方法和步骤

青贮窖建造方法：选择地势较高、不易积水的地面，挖成青贮窖。把洁净的玉米秸秆铡成 2 厘米长，其湿度为 65%~75%，即用手握紧切碎的玉米秸秆，指缝有液体渗出不滴下为宜。如果湿度不够，可在切碎的玉米秸秆中加适量水分，相反时则适当晾晒即可。装窖前，在窖底铺 15~20 厘米厚的干麦草或衬一层塑料薄膜，然后把切碎的秸秆逐层装入窖内，每装 20 厘米厚即可人工或机械踏压实，尤其要注意压实四周，不留死角，再装第二层，依次装入直到高出窖口 30~50 厘米，使其中间高周边低，圆形窖为馒头状，长方形窖呈弧形屋脊状。窖装满后，用塑料薄膜将玉米秸秆完全盖严，上压一层厚 50 厘米的湿土，打实拍光，并在四周挖排水沟，防止积水渗入窖内。贮后 1 周内要经常检查窖顶，如发现下沉或有裂缝，应及时修填拍实，以防跑气影响青贮质量。

3. 青贮饲料的启用

封口 45 天，便可启封喂畜。一旦启封，应连续使用直到用完，切忌时喂时停，以防霉变。启用时先剥掉覆土，揭去塑料薄膜，从上到下分层取喂。取面要平整，严禁掏洞取草，每次取草应取足 1 天的用量，取后及时盖好塑料薄膜，防止料面暴露。

第三节　秸秆能源材料化

随着国民经济持续快速发展，我国能源需求量不断扩大，局部地区甚至出现了能源供应紧张的情况，加大生物质能的开发利用，是有效缓解我国能源供应压力的一个重要途径。农作物秸秆作为生物质能资源的主要来源之一，是目前世界上仅次于煤炭、石油以及天然气的第四大能源物质。目前秸秆生物质资源开发利用的主要技术有固化成型技术、直燃及气化发电技术、气化集中供气技术、热裂解液化技术、秸秆沼气发酵技术以及制取燃料乙醇技术等。

一、秸秆生产燃料酒精技术

农作物秸秆经过预处理、发酵和脱水可生成可燃酒精。过去几年我国液体燃料对外依存度是 58.5%，秸秆生产燃料酒精已成了业内共识。秸秆的化学成分复杂，主要由纤维素、半纤维素和木质素三大部分组成。半纤维素作为分子黏合剂结合在纤维素和木质素之间，而木质素具有的网状结构，作为支撑骨架包围并加固纤维素和半纤维素。纤维素难以溶于水解溶剂或与酶接触，因此必须采用一定的预处理手段，使纤维素、半纤维素、木质素分离开，降低聚合度。利用秸秆原料生产燃料酒精的基本路线为预处理、酶解糖化、酒精的发酵和酒精的分离四部分。

(一) 秸秆预处理技术

秸秆预处理的方法主要有物理预处理法、化学预处理法、生物预处理法等。

1. 物理预处理法

(1) 机械粉碎。机械粉碎主要是利用球磨、振动磨、辊筒等将秸秆进行粉碎处理，机械破碎后木质素仍然保留，但木质素和半纤维素与纤维素的结合层被破坏，其间的聚合度降低，纤维素的结晶构造改变。机械粉碎在秸秆各成分的量没有发生变化的情况下，提高了物料后续反应的接触面积，因此粉碎处理可以提高反应性能和提高水解糖化率，增强酶解过程中纤维素酶或木质素酶的效率。但是粉碎处理的高糖化率的程度有限，耗能大，其能耗占工艺过程总能耗的50%~60%，而且有些材料并不适用于粉碎处理。

(2) 高能辐射。高能辐射是利用高能射线如电子射线、γ射线来对纤维素原料进行预处理，以获得所期望的纤维素聚合度和增加纤维素的活性，减少溶解或反应所用化学药品造成的环境污染。但高能辐射的成本较高。

(3) 蒸汽爆破法。蒸汽爆破是在高温、高压蒸汽中，具有细胞结构的植物原料经过蒸煮，产生一些酸性物质，使半纤维素降解成可溶性糖，同时复合胞间层的木质素软化和部分降解，从而削弱了纤维间的黏结，为爆破过程提供选择性的机械分离；另外，蒸汽爆破瞬间完成的绝热膨胀过程对外做功，使物料从细胞间层解离成单个纤维细胞。蒸汽爆破法作为一种物理方法，可以有效地分离出活性纤维，并且不用或少用化学药品，对环境无污染且能耗较低，是近年来发展快、成本低、比较有效的木质纤维高效分离技术。

2. 化学预处理方法

(1) 稀酸处理法。首先将捆状或碎片状的原料粉碎成微小颗粒后送入预处理反应器，用高压蒸汽和硫酸对原料进行处理，蒸汽温度200~250℃，硫酸体积分数为0.5%~1%，持续时间少于1分钟，然后快速释放压力。

(2) 碱处理法。碱法预处理常用的碱包括氢氧化钠、氢氧化钾和氨水等。碱处理过后的木质纤维素更具多孔性，因而更适于丝状真菌的生长。碱水解对阔叶木效果较好，但对于木质素含量高于26%的软木效果很差。对于低木质素含量的农作物秸秆而言，碱解法很有效，其缺点是对环境的影响大。

（3）氧化预处理法。氧化预处理是指利用臭氧、氧气、过氧化氢、过氧酸等多种氧化剂对原料进行处理，脱除原料中的木质素，并使原料本身发生物理和化学变化，以利于后续纤维素的水解。目前常用的为湿氧化法。湿氧化法是指在较高的温度和压力下，利用水和氧气，氧化降解植物纤维原料。

3. 生物预处理法

生物预处理一般是指利用自然界中存在的参与木质素降解的微生物，特别是担子菌中的白腐菌类，有选择性地降解植物纤维原料中的木质素，实现原料各组分的分离。常用于降解木质素的微生物有白腐菌、褐腐菌、软腐菌等真菌。

（二）发酵工艺

作物秸秆中的半纤维素含量较多，但是由于半纤维素其水解产物为以木糖为主的五碳糖，还有大量的阿拉伯糖生成，木糖的存在对纤维素酶水解起抑制作用，将木糖及时转化为酒精，对于提高玉米秸秆酒精发酵的效率非常重要。发酵工艺有固定化细胞发酵法、同步糖化发酵法、直接发酵法等。

（三）脱水工艺

经过预处理和发酵后得到的酒精，浓度不符合燃料酒精的要求，应用价值不高，后续还需脱水，这也是生产燃料酒精的关键技术之一。一般情况下，将发酵液中的酒精制成无水酒精所需能耗要占到整个燃料酒精生产过程的 50%~80%。目前，脱水的方法主要有以下几种。

1. 精馏法

由于酒精与水存在着共沸点，采用普通精馏法无法得到 99% 以上的无水酒精。传统的较成熟精馏法如恒沸精馏或萃取精馏脱水效果较好，即往酒精—水混合物中加入第三组分，以改变体系中酒精和水的相对挥发度，例如以苯、环己烷等作为恒沸剂，乙二醇作为萃取剂等。这些方法处理量大，生产稳定，运行周期长，但能耗较高。

2. 渗透汽化法

渗透汽化法是一种膜分离方法，利用膜对液体混合物中各组分溶解扩散性能的不同而实现分离。渗透汽化分离膜一侧接触液体混合物，另一侧通常抽成真空，使透过物汽化后冷凝收集，或者采用惰性气体将透过物带走。

3. 变压吸附脱水法

利用吸附剂对混合物中不同组分的选择性吸附作用来制备无水酒精，具有吸附好、能耗低、使用和再生温度低、价格便宜等优点。常用的吸附剂有分子筛、活性炭、生石灰、硅胶、氧化铝等。这些吸附剂对水的吸附性很强，对酒精的吸附力很弱。

（四）蒸汽爆破玉米秸秆制取燃料酒精技术

1. 玉米秸秆蒸汽爆破处理

玉米秸秆去根自然风干后粉碎至 2~3 厘米。粉碎后的玉米秸秆使用 QB-200 蒸汽爆破工艺试验台进行蒸汽爆破处理，爆破压力为 3.0 兆帕，压力条件下的保压时间为 90 秒，蒸汽爆破的样品收集后 4 小时内进行后续处理。

2. 蒸汽爆破秸秆酶解糖化

蒸汽爆破玉米秸秆加入蒸馏水调整料液到设定浓度，调整 pH 值至 4.8，加入 3%纤维素酶和 3%木聚糖酶，在温度为 48℃、搅拌转速为每分钟 120 转的条件下酶解糖化 48 小时。

3. 秸秆糖化液酒精发酵

每 100 毫升玉米秸秆糖化水解液（均匀混合）加入 5%的酒精酵母和 25%的嗜鞣管囊酵母 P-01，在温度为 28℃、搅拌速度为每分钟 120 转的条件下发酵 68~70 小时，酒精产率达到 15.78%。

二、秸秆制造生物炭技术

我国能源结构主要以煤炭为主，因其使用造成的环境污染、生态破坏日趋严重，人均能源消费水平和能源利用率比较低。秸秆的单位热值低于煤，但是秸秆的燃烧效率却高于煤，在专门的秸秆燃烧装置中，秸秆完全燃烧的热量相当于等质量的煤，若采用秸秆作为生物质燃料代替煤等化石燃料，可以大大节省成本，提高经济效益。然而，由于秸秆成型燃料未经过炭化处理，含较高的挥发组分，产烟量大，其热值并未得到有效的提高。因此，将秸秆成型燃料炭化，制得秸秆炭棒以除去影响热值的挥发分，提高固定碳含量和热值将是更佳的选择。采用先成型后炭化或先炭化后成型加工制成的"生物炭"，具有储运方便、利用率高、体积小、适用范围广和燃烧干净卫生的优点。经调查，市场上秸秆成型燃料棒价格约为 600 元/吨，主要应用于工厂锅炉中，而炭化后的炭棒价格则可达到2 000~3 000元/吨，并可应用于烧烤、室内壁炉等较高档的领域，而且国内林木资源并不充裕，因此秸秆炭棒具有良好的市场前景。

不论采用哪种技术处理作物秸秆，在使用前都要先进行干燥、粉碎等预处理，才能达到一定的粒度要求。而秸秆的粉碎过程受到秸秆的含水率、粉碎机功率、粉碎效率等几个因素的影响。秸秆的含水率越高，稻秆就越不容易粉碎，但含水率低于10%时，秸秆的硬度会迅速增大，加大粉碎的难度。电机的功率、效率越高，秸秆的粉碎效果就越好。但是电机功率和粉碎效果之间要选择合适的平衡点，使粉碎既不浪费又能达到要求。

国内近年来对非木质类生物质的热解研究倾向于各种农作物的秸秆，对小麦秸秆、玉米秸秆、稻草、棉花秸秆的研究最为多见。对4种农作物秸秆的热解产物得率进行了研究，其结果表明：当热解的温度都相同时，棉花秸秆的热解炭得率最低，而玉米秆、稻草、麦草的热解炭得率相近，但稻草略大一些。

秸秆颗粒热解制炭技术因其工艺相对简单、设备投资小、生产见效快等特点，特别适合在我国经济实力相对薄弱的农村地区推广应用。

所用干馏炭化试验装置为一密闭的箱式电加热炉，安装配备精确的温控装置，炉温连续可调。炉体底部有进气口，与氮气瓶相连接，以氮气作载气。顶部设有出气口，将氮气及挥发分排出室外，出口装有防倒风装置。

原料采用经环模颗粒成型机压缩成型的8毫米玉米秸秆颗粒。选择表面光洁、长短均匀的颗粒置于坩埚内放入加热炉。

玉米秸秆颗粒在高于200℃时开始炭化，200~300℃时，低热量的挥发分大量析出，炭化初步完成，300℃时炭化产率可达55%，燃料炭的热值和能量转化率均达到最大值。在300~500℃温度段，生物质炭进一步分解生成生物质油及燃气，致使炭的热值略有降低，燃料炭产率及能量得率下降，但其品质进一步提高，固定碳已达48%，完全可以作为普通烟煤的替代燃料。

三、秸秆造纸技术

农作物秸秆是我国非木材纤维资源的主要组成部分，秸秆制浆已占非木材制浆产量的65%左右。利用小麦、玉米、稻草、芦苇、葡萄藤等农作物秸秆为原料进行制浆，实现了资源到产品到再生资源的良性循环，充分利用了当地的废弃秸秆资源，变废为宝。现在还可以利用玉米秆、棉秆等进行无污染制浆，生产箱板纸和高强瓦楞原纸，而且工艺简单、成本低廉，实为变废为宝、合理生产的好办法。

由于玉米秸秆皮与穰的化学成分有差异，所以将皮与穰分离后使用秸皮造纸。秸皮外表光滑又坚韧，阻碍了纤维的提取。这层物质中包含有半纤维素、果胶、水溶物、脂、蜡质等物质，因此需要经过预处理来脱除这层物质，以便于分散纤维。

参考文献

陈丁红，胡国成，2001. 杂交玉米种子常温安全贮藏技术探讨［J］. 种子科技，5（19）：287-288.

陈勇，胥付生，王维彪，2016. 玉米规模生产与病虫草害防治技术［M］. 北京：中国农业科学技术出版社.

顾日良，袁志鹏，王建华，等，2018. 玉米种子加工与贮藏技术手册［M］. 北京：中国农业出版社.

胡建广，王子明，李余良，等，2004. 我国甜玉米育种研究概况与发展方向［J］. 玉米科学，12（1）：12-15.

黄秋宝，2018. 中国鲜食玉米收获机械化的发展现状及对策［J］. 机械装备（11）：60.

金诚谦，2011. 玉米生产机械化技术［M］. 北京：中国农业出版社.

李婧，张慧，厉宝仙，2021. 浙江鲜食玉米种植现状及发展对策［J］. 浙江农业科学，62（9）：1679-1681. DOI：10.16178/j.issn.0528-9017.20210902.

李应超，陆雪珍，徐莉莉，2021. 上海市鲜食玉米全程机械化技术与作业模式探讨［J］. 农业科技通讯（12）：270-272.

卢柏山，史亚兴，徐丽，等，2016. 新型鲜食玉米品种农科玉368的选育［J］. 种子，35（12）：106-107.

卢文佳，谭铭喜，舒曦，2014. 甜玉米种衣剂的筛选及包衣技术参数的优化［J］. 中国种业，11：56-58.

陆慧，薛涛，张燕，2012. 鲜食糯玉米高产制种技术的应用［J］. 农业科技通讯（12）：149-151.

麻浩，孙庆泉，2007. 种子加工和贮藏［M］. 北京：中国农业出版社.

佘玮，2018. 秸秆综合利用技术［M］. 长沙：湖南科学技术出版社.

王春虎，侯传本，2016. 现代玉米规模生产与病虫草害防治技术［M］. 北京：中国农业科学技术出版社.

王佐会，董亚琳，陈丹，2011. 特种玉米生产技术［M］. 长春：吉林科学技术出版社.

谢孝颐，1990. 糯玉米育种方法刍议［J］. 江苏农业科学（S1）：39-45.

徐丽，赵久然，卢柏山，2020. 我国鲜食玉米种业现状及发展趋势［J］. 中国种业（10）：14-18.

杨泉女，王蕴波，2005. 甜玉米胚乳突变基因的研究进展及其在育种中应用的策略［J］. 分子植物育种，3（6）：877-882.

张利辉，王艳辉，董金皋，2016. 玉米田杂草防治原色图鉴［M］. 北京：科学出版社.

Boyer C D, Hannah L C, 2001. Kernel mutants of corn［A］//Hallauer A R. Specialty Corns［M］. Boca Raton：CRC Press, Inc.